探索
中华酥点

张高杰　主编　　　肖尚忠　副主编

✤

中国轻工业出版社

作者简介

主编 张高杰

全国技术能手

全国轻工技术能手

全国焙烤职业技能竞赛裁判员

全国轻工焙烤行业职业技能评价高级考评员、督导员

中焙糖协职业技能工作委员会副秘书长

烘焙技术BTA会长

内蒙古烘焙协会烘焙技术委员会主任

中华人民共和国第一届、第二届职业技能大赛国赛精选烘焙项目裁判

内蒙古自治区第一至第五届职业技能大赛裁判长

江西省振兴杯第二届国赛精选烘焙项目选拔赛裁判

广东省第二届国赛精选烘焙项目选拔赛裁判

黑龙江省第一届职业技能大赛国赛精选项目裁判

河南省第二届职业技能大赛国赛精选烘焙项目裁判

第二十一届全国焙烤职业技能竞赛北京赛区冠军、全国亚军

第二十二届全国焙烤职业技能竞赛福建赛区冠军、全国冠军

《第七届世界面包大赛中国队决赛作品集》主编

《探索面包本真》主编

作者简介

副主编　肖尚忠

高级技师（一级）

全国焙烤职业技能竞赛裁判员

全国轻工焙烤行业职业技能评价考评员

中国食品工业协会国家评委

烘焙技术BTA技术委员会委员

世界面包大使团（中国区）大使

浙江省第一届国赛精选烘焙项目选拔赛裁判员

第八届、第九届世界面包大赛中国队选拔赛评委

第四届意大利国际烘焙杯中国选拔赛评委

第二十二届全国焙烤职业技能竞赛福建赛区裁判

2023年浙江省技能大赛烘焙项目（世赛选拔）裁判

第一届国民烘焙实用技术创意大赛NBPC暨"味斯美杯"烘焙创意大赛江西赛区裁判

2019年北京市顺义区牛栏山总工会"最美劳动者"

北京京日东大食品有限公司产品应用技术总监

推荐序

中式酥点悠久的历史、甜咸相宜的味道、赏心悦目的外形背后蕴含的是绵延数千年的文化。这本《探索中华酥点》在尊重传统酥点的基础上，结合目前市场上的流行趋势，恰到好处地诠释了中华酥点的魅力！

黎国雄

烘焙行业首位全国技术能手

世界技能大赛糖艺西点中国专家组组长

见张高杰老师和肖尚忠老师新书，可喜可贺！

书中酥点的品种推陈出新，既有传统酥点，又有新国潮酥点；既有日常休闲酥点，又有节日礼品酥点；既有西式酥点，又有各地各帮派的特色酥点，琳琅满目。在烘焙行业持续发展的今天，本书对于传承和创新中华烘焙文化，满足人们追求美好生活的向往尤为重要。

干文华

轻工大国工匠

国务院政府特殊津贴专家

上海市现代食品职业技能培训中心校长

高杰、尚忠这本《探索中华酥点》，在尊重传统酥点的基础上，结合了目前的流行趋势，恰到好处地诠释了中华酥点的魅力。本书实用性高，对初学中式酥点的朋友们来说通俗易懂，既减少了学习的诸多壁垒和成本，又激发出人们想去了解中式酥点的兴趣。

中式酥点是中国焙烤产业的核心组成部分，每种都有其独特的制作工艺及寓意，相信本书会得到行业内外人士的共同青睐，并能结合行业职业大典（糕点面包烘焙师）初级、中级的一部分教材来应用。

宋伟泉

中国焙烤十大名师

国家职业大典·糕点面包师

中式糕点职业教材编制专家

在整个行业兴起中式糕点传承和复兴的背景下，《探索中华酥点》融合了传统与创新、经典中式与地方特色、新国潮等多元风格，从"色香味意形养"六大方面，将中华糕饼文化与制作技艺全面而丰富地展现出来。既能让烘焙专业人士学到中式酥点技艺的精髓，也能让烘焙爱好者体味中华酥点的博大精深，此书值得推荐！

谢道云

北京市劳动模范

北京稻香村京式糕点制作技艺代表性传承人

见高杰、尚忠新作出品，特此祝贺！烘焙艺术，树立中式典范；大师操刀，倾注点心心得。

《探索中华酥点》完美体现了中式点心的灵魂所在：酥松适口、香味纯正、色如皓月、满口生津。希望本书能给从事烘焙行业的读者打下扎实基础，学以致用，共同为中国的烘焙事业腾飞而努力！

邓小文

全国技术能手

"全国五一劳动奖章"获得者

中式糕点制作历史悠久，汇南北名师精粹，集各地特色产品，形成各种"帮式"。

为使中式糕点制作技术得以继承、发展、创新，本书尝试把传统制作工艺和工艺创新相结合，传统产品和新食材应用相结合，传统产品和新设备、新工具应用相结合，图文并茂，通俗易懂，令读者既了解原理，又掌握基本功，并能学会如法炮制。

本书可供烘焙行业从业人员及广大中式糕点爱好者阅读参考。

周志刚

全国技术能手

中国焙烤名师

上海市首席技师

中式糕点是中国传统文化的载体之一，独特的地方文化是中式糕点不断传承与创新的重要土壤和根基。

本书融合了传统与创新，精选出更符合当今健康营养标准的糕点，研究出更好的味道。本书内容丰富，是烘焙酥点爱好者很好的参考资料。

于焕楼

上海糕潮管理咨询有限公司创始人

全国焙烤职业技能竞赛裁判员

中华酥点有着悠久的历史，可以追溯到古代。它们经过了数千年的发展和演变，逐渐形成了各种不同的形状和口味。"工艺精巧、匠心独运"，《探索中华酥点》将酥点制作工艺和品种进行创新和发展，不仅口感独特，而且外观也很有特色，不仅带来了视觉和味蕾的冲击，也带来了文化和历史的体验。本书值得烘焙爱好者收藏。

赵霖

福建省技术能手

全国焙烤职业技能竞赛裁判员

《探索中华酥点》中每个步骤和配图都恰到好处地为作品做出全面解析。两位老师的匠心之作，为更多渴望入门和想去深入探索中华酥点的同仁打开了快捷通道。

韩磊

中国西点国家队教练组组长

世界技能大赛糖艺西点教练组组长

中华传统点心传承了中华美食的精华，而《探索中华酥点》在分享中华经典点心的基础上又融合了西方点心的制作心得。此书重点介绍了中点烘烤的工艺及产品，在制作工艺上更加考究，适合落地生产，值得推荐！

周斌

德国IBA世界面包锦标赛世界冠军

中国面包国家队教练

中华糕点博大精深、源远流长，现在更是受到市场的欢迎。《探索中华酥点》的作品在几位师傅的精心打磨下创新地融入新材料、新工艺、新造型、新口味，是既传承传统又符合现代需求的中华酥点，值得大家学习！

林业强

德国IBA世界面包锦标赛世界冠军

中国烘焙"四冠王"

这本《探索中华酥点》的精髓不仅在于作品本身，更在于背后制作的人有温度、有灵魂、有追求，尤其是高杰兄、尚忠兄对烘焙事业的胸怀，他们为推动行业发展做出了卓越努力，洞察中点行业内存在的模糊地带并让它逐渐清晰。本书让更多的人接收到更有效和综合的烘焙知识和技法。

王子

王森教育集团董事兼技术总监

中国面包国家队教练

中式点心承载着中华传统文化的底蕴，经过千年沉淀，随着时代变革，已然成为中国餐饮和烘焙行业的重要组成部分。随着行业中点文化复兴的推广，新中式点心品种和风味也越来越多样化。相信未来的中华糕饼也必将迎来更长远的发展！

《探索中华酥点》详细介绍了各类中华酥点文化和制作要求，结合不同场景设计产品配方和形态，是一本非常全面和实用的书籍。

徐彪

全国技术能手

上海工匠

中式糕点，中华之瑰宝，需要匠心传承和科学创新，方能代代相传、生生不息。感谢高杰老师和肖老师这些中华匠人们的努力和记录，欣喜推荐《探索中华酥点》！

纪严冬

烘焙行业爆品战略专家

《探索中华酥点》是一本汇集了中式传统糕点制作技巧和独特魅力的书籍。作为一名烘焙师，我深知糕点制作技艺的重要性，而这本书则将这些经验和知识汇总在一起，形成了一本极具参考价值的糕点指南。无论是初学者还是经验丰富的烘焙人，都可以从中获得启示和灵感。书中的内容详尽而实用，配有精美的图片和实用的制作方法，让人一目了然。如果你想深入了解中式糕点，那么本书是你不可或缺的参考书籍。

张政海

全国技术能手

烘焙世界杯亚洲冠军

中式糕点是中国传统糕点文化的重要组成部分，它不仅是美食，更是文化的传承，反映了中国人的智慧和创造力。本书将中式糕点和西式糕点结合，创造出美味的食物，独特的造型，突出的风味。学习知识的同时更能提高技艺，为行业创造价值！

鲁胚枝

烘焙世界杯世界冠军

全国焙烤职业技能竞赛裁判员

《探索中华酥点》将传统酥点和西式中点相结合，将酥点的特点呈现得淋漓尽致。书中作品品类全面，制作工艺多样化且口味有所创新。中华酥点不仅是一种美食，经过历代传承，精益求精，更是一种艺术品。本书能让读者快速掌握中华酥点精髓。

徐伟男

全国技术能手

中华人民共和国第二届职业技能大赛烘焙项目金牌

品酥点好味　传经典技艺

　　"把世间的万物浓缩成点心，赋予这小小的点心莫大的心意。因为有心，因为用心，中国人赋予食物以灵性，做出了最精彩的点心。它们有名有姓，有身形，有风骨，有魂魄。这是食物，也是信物。"这是中华美食纪录片《舌尖上的中国第三季》中对"酥"的解释，这段话也恰好道出我对这本《探索中华酥点》的诚心诠释。

　　从业二十年，带着对烘焙的无限热忱与积极探索之心，结合老一辈烘焙匠人沉淀的技法精华，加之个人对中华酥点的理解和融合创新，我邀请肖尚忠老师共同总结出了56款经典实用的国潮酥点。

　　本书从工器具、原物料、材料配比、手法、烘烤技巧等细节全面详解，为了更好地呈现并增强实用性，每一款产品的图文都经过我们不断记录、修正、精简。

　　虽然酥点产品经过市场的考验早已得到大众的喜爱，但我更希望携手行业后起之秀守住本真，守住精华，通过传承传播，加之我们烘焙职人的共同努力，将中式酥点这一大国之瑰宝的独特魅力发扬光大。

　　承之臻品，传予至爱，我将本书献给从事烘焙餐饮行业、热爱中华美点的同仁们，传递一份灵感与甜蜜。品大国酥点之好味，品中华制造的独特魅力！

注重实践　努力探索

三十年前从学校步入社会，我在求职过程中偶然走进烘焙店，从此与烘焙结缘，扎根烘焙，不断实践与探索。

从学徒到生产主管，从门店店长到工厂厂长，从烘焙应用顾问到技术研发总监，一路艰辛走来，见证了我国三十年来烘焙行业的不断发展，我本着一颗传承之心，期望在传统的基础上创新，做出顺应时代的中华酥点。

感谢张高杰老师邀请，让我有幸参与《探索中华酥点》的创作。

本书融合了我对烘焙行业三十年的经验总结以及对烘焙市场的理解，分享了56款混酥、清酥、水油皮、月饼等传统点心以及新中式酥点。

本书集合了南北中华酥点的做法，用图文并茂的方式讲解了不同地区、不同季节中式点心的制作。书中既有详细完整的图解示范，又有独到的操作技巧，展示了产品制作的全过程，实用性高。希望这本书能够帮助到更多喜欢烘焙酥点的朋友们，为我们的烘焙酥点事业尽一份力量和心意。

目 录

常用酥点制作工具

工具类

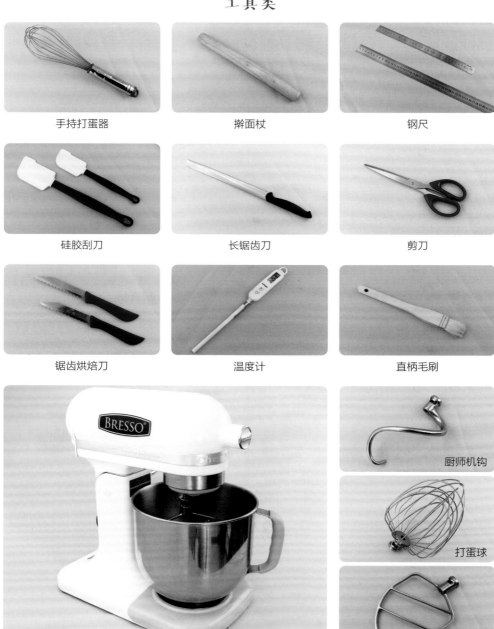

手持打蛋器

擀面杖

钢尺

硅胶刮刀

长锯齿刀

剪刀

锯齿烘焙刀

温度计

直柄毛刷

厨师机钩

打蛋球

搅拌扇

韩焙厨师机

模具、印章类

玫瑰小方模具

黑凤梨酥模具

米月饼模具

白柚玫瑰雪饼模具

蛋月烧模具

川酥月饼模具

肉松饼模具

芋见乳酪烧模具

椰林海风模具

牛舌饼模具和印章

红豆方酥模具和印章

板栗饼模具

好运酥模具

芋泥芝士蛋黄饼模具和印章

鲜花饼印章

红果饼模具

花生酥模具

御皇酥模具

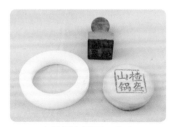

山楂锅盔模具和印章

鲜肉饼印章

杨枝甘露模具

其他

百钻脱模油

本书中所用的烘焙机器均为韩焙科技提供的高品质、性能可靠的专业烘焙机器。

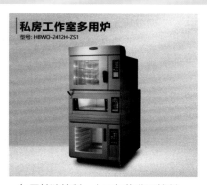

私房工作室多用炉
型号：HBWO-2412H-ZS1

每层单独控制，上下加热分开控制。

德国进口红外辐射陶瓷石板。

带热反射膜玻璃门，可拆卸进行清洁。

全自动电动风门，烘焙过程更简单。

欧式烤炉
型号：HBWO-3003

W分层烤炉，适合制作欧法式面包。

独立蒸汽系统，瞬间产生蒸汽。

陶瓷远红外线加热系统。

产品减少烘焙时间20%～50%。

中式烤炉
型号：HBCO-3003

整体结构透气性好。

适合烘烤酥皮糕点等中式点心。

红外线电热矩阵加热，温度分布均匀。

炉门选用LOW-E隔热玻璃，隔热效果更佳。

二代PRO面包专用炉
型号：HBVO-3003

更具保温性、密封性。

做出的面包保湿性好，馅料湿润口感好。

内箱高碳合金，不易变形，易清洁。

特制发热丝。

韩国韩荣企业于1991年在韩国首尔成立，专业生产食品机器及烘焙机器，一直致力于为客户打造烘焙厨房标准化的设备产品，专注烘焙专业设备33年。韩焙机械科技（上海）有限公司由韩国韩荣于2017年在上海合资成立，致力于为中国烘焙店主提供高质量全方位的服务。韩焙科技BRESSO拥有持续研发设计能力，引进瑞士钣金加工设备、机器人折弯设备，打造烘焙专用设备，提供优质的烘焙厨房解决方案。

常用酥点馅料做法

熟鸭蛋黄

原料名称	重量（克）
鸭蛋黄	570
盐	2
高度白酒	20

制作步骤

❶ 将鸭蛋黄放入容器中，加高度白酒搅拌均匀。

❷ 加盐搅拌均匀。

❸ 倒入烤盘铺平，入炉烘烤。上火160℃，下火160℃，烤10分钟。

❹ 鸭蛋黄烤熟，微微冒油后出炉。

原料名称	重量（克）
鸭蛋黄	570
盐	2
高度白酒	20
黄油	500 克鸭蛋黄泥加 25 克黄油

制作步骤

❶ 将鸭蛋黄放入容器，加高度白酒搅拌均匀。

❷ 加盐搅拌均匀。

❸ 将搅拌好的鸭蛋黄倒入烤盘铺平。

❹ 入炉烘烤。上火 160℃，下火 160℃，烤 25 分钟。鸭蛋黄烤熟，出油后出炉。

❺ 鸭蛋黄冷却后放入破壁机搅碎，打成粉泥状。

❻ 把烤制中产生的油倒入鸭蛋黄泥中，加黄油搅拌均匀。

绿豆百合

原料名称	重量（克）
干百合	60
京日绿豆蜜蜜豆	500
水	160
伊利牛奶	150
伊利淡奶油	50

❀ 制作步骤

❶ 干百合加水浸泡 1 小时，至百合泡软后沥干水分。

❷ 把京日绿豆蜜蜜豆、伊利牛奶、伊利淡奶油、百合倒入不粘锅炒制。

❸ 收干水分，小火炒至需要的软硬度。

原料名称	重量（克）
新鲜凤梨	900
蜂蜜	100
百钻细砂糖	50
嘉博士黄油	10

制作步骤✿

① 新鲜凤梨削皮，切块后剁碎。

② 将剁碎的凤梨倒入不粘锅。

③ 加入百钻细砂糖搅拌均匀。

④ 加入蜂蜜搅拌均匀。

⑤ 炒至黏稠后加嘉博士黄油搅匀。

⑥ 小火炒至呈焦糖色。

朗姆凤梨丁

原料名称	重量（克）
新鲜凤梨	200
玉米淀粉	6
朗姆酒	20
白糖	40

制作步骤

❶ 新鲜凤梨削皮，切丁。

❷ 将凤梨丁和白糖放入铜锅，炒出糖水。

❸ 朗姆酒中加玉米淀粉搅拌均匀。

❹ 倒入凤梨丁中，搅拌均匀。

原料名称	重量（克）
莲子	250
百钻小苏打	5
百钻细砂糖	150
麦芽糖	50
花生油	100
水	100

制作步骤

❶ 将莲子倒入开水中，加百钻小苏打闷至莲子微软。

❷ 取出莲心。

❸ 在处理好的莲子中加入100克水，中火蒸半小时至莲子完全熟透。

❹ 先加入37.5克百钻细砂糖，用料理机打成泥。

❺ 过筛。

❻ 将莲蓉倒入铜锅翻炒。

❼ 分三次，每次加入 37.5 克
细砂糖和 25 克花生油，翻炒
至充分吸收。

❽ 加入麦芽糖搅拌均匀。

❾ 加入剩余花生油。

❿ 炒至成团、不粘锅边即可。

原料名称	重量（克）
红豆	500
水	1500
冰糖	500
盐	5

制 作 步 骤

❶ 将洗干净的红豆倒入开水中闷 20 分钟。

❷ 反复清洗。

❸ 沥干后加入 1500 克冷水。

❹ 加热至水沸后打开锅盖，继续中火熬煮至水分收至微干。

❺ 加入冰糖、盐，继续小火收干水分，软硬度根据产品需要而定。

绿豆馅

原料名称	重量（克）
绿豆	500
水	1500
冰糖	500
盐 *	5

全书原料图仅为示意，部分原料和装饰没有出现在图中，加"*"标注。

❀ 制作步骤

❶ 将洗干净的绿豆倒入沸水中闷 20 分钟。

❷ 反复清洗。

❸ 沥干后倒入 1500 克冷水加热，水沸后打开锅盖，继续中火熬煮至水分收至微干。

❹ 加盐、冰糖，小火收干水分，软硬度根据产品需要而定。

原料名称	重量（克）
新鲜紫薯	500
百钻细砂糖	150
嘉博士黄油	50

制作步骤

❶ 新鲜紫薯洗净、去皮，上锅蒸熟后切块。

❷ 用破壁机打碎。

❸ 倒入铜锅，加入百钻细砂糖，搅拌均匀至完全吸收。

❹ 加入嘉博士黄油，小火炒至水分收干。

芋泥馅

原料名称	重量（克）
新鲜荔浦芋头	500
百钻细砂糖	100
海藻糖	100
奶粉	20
嘉博士黄油	50
新鲜紫薯	65
盐	2

❀ 制作步骤

❶ 新鲜荔浦芋头、紫薯分别洗净、削皮、切块后蒸熟。

❷ 将蒸熟的芋头和紫薯混合后打碎。

❸ 放入铜锅，加入海藻糖、百钻细砂糖、盐，小火炒至水分收干。

❹ 加入嘉博士黄油，充分拌匀。

❺ 加入奶粉搅拌均匀。

❻ 小火炒匀，软硬度根据产品需要而定。

原料名称	重量（克）
新鲜山楂	500
冰糖	200
水	30
柠檬汁	5

制作步骤 ✿

❶ 新鲜山楂洗净后去核、切块，用盐水浸泡20分钟后沥干。

❷ 将山楂、冰糖、水倒入铜锅，小火炒至水分收干，山楂软糯。

❸ 加柠檬汁搅匀。

枣泥馅

原料名称	重量（克）
去核大枣片	500
百钻细砂糖	150
海藻糖	100
水	50
色拉油	50

❀ 制作步骤

❶ 去核大枣片上锅蒸熟。

❷ 放入料理机，加 1/3 百钻细砂糖和水，打成泥。

❸ 倒入铜锅，加入剩余细砂糖和海藻糖，炒至水分收干。

❹ 加入色拉油，小火炒匀。

原料名称	重量（克）
猪皮	80
水	278
鸡架	40
大葱段	8
姜片	8
葱姜料酒	8

制作步骤

❶ 猪皮、鸡架分别冷水下锅焯水，捞出洗净。

❷ 猪皮切条备用。

❸ 锅中加水，放入猪皮、鸡架，烧开后加入大葱段、姜片、葱姜料酒。

❹ 小火慢煮 60 ~ 80 分钟，猪皮软烂、汤汁浓稠时捞出鸡架、大葱段和姜片。

❺ 将汤汁倒入小碗中冷藏两三个小时，成凝固状态。

冰糖肉

原料名称	重量（克）
肥膘肉丁	400
粗砂糖	280
高度白酒	16

⊛制作步骤

❶ 将肥膘肉丁倒入容器中，加粗砂糖。

❷ 加高度白酒搅拌均匀，盖保鲜膜冷藏隔夜。

原料名称	重量（克）
顶焙良品蛋糕粉	500

❶ 将顶焙良品蛋糕粉放入烤盘中铺平。

❷ 入炉烘烤，上火 160℃，下火 160℃，烤至粉变成金黄色。

❸ 放凉、打散后过筛。

南五仁馅

原料名称	重量（克）
熟粉	140
猪油	150
熟松仁	95
金华火腿	295
百钻绵白糖	285
熟核桃仁	85
熟南瓜仁	58
熟榄仁	60
熟腰果	45
曲酒	10
蜂蜜	30

❀ 制作步骤

❶ 金华火腿上锅蒸软，颜色变透亮后取出。

❷ 将火腿和其他所有原料倒入容器中，搅拌均匀。

北五仁馅

原料名称	重量（克）
熟粉	320
百钻绵白糖	375
冰糖	160
白莲馅	750
盐	12
芝麻油	100
花生油	390
蜂蜜	400
熟核桃仁	575
熟松仁	300
熟南瓜仁	500
熟大杏仁	320
熟白芝麻	320
橘皮丁	160
杏仁粉	160
苹果脯	400
玫瑰酱	160

制作步骤 ❀

将所有原料混合，搅拌均匀。

椒盐

原料名称	重量（克）
小茴香	20
花椒	60
盐	100
白芝麻	200

❀ 制作步骤

❶ 花椒拣出杂质后炒熟，倒入烤盘。

❷ 将小茴香、盐、白芝麻分别炒熟后倒入烤盘，和花椒一起用擀面杖擀碎。

❸ 过筛。

桂花黄米馅

原料名称	重量（克）
大黄米	200
小黄米	200
水	500
百钻细砂糖	30
海藻糖	20
桂花酱	100
伊利淡奶油	50
百钻蔓越莓	100

制作步骤

❶ 将大黄米、小黄米、海藻糖、百钻细砂糖和水倒入电饭锅蒸熟。

❷ 将蒸熟的大黄米、小黄米倒入容器，加入桂花酱、伊利淡奶油、百钻蔓越莓搅拌均匀。

本书配方中所采用的京日高纤低脂低糖红豆馅，富含膳食纤维，符合低脂和低糖标准，适合追求健康饮食和减脂的人群。

⊛ 特点

- 富含膳食纤维：饱腹添能量，助力肠道健康。
- 低脂：相比传统红豆馅脂肪含量更少，有助于控制脂肪摄入量，保持身体健康。
- 低糖：符合国家标准，糖尿病患者或需要控制血糖水平的人群可按需选用。

　　京日通过替换传统红豆馅中的白砂糖和油脂成分，同时添加可食用膳食纤维，使得新型红豆馅具有更好的营养价值和口感体验。高纤低脂低糖红豆馅的推广将有助于普及健康饮食理念，提升人们生活质量和健康水平。

第一章

混酥类

软香饼

外皮

原料名称	重量（克）
顶焙良品蛋糕粉	240
全蛋液	100
百钻糖粉	80
炼乳	10
蜂蜜	10
百钻臭粉	1
百钻泡打粉	1
奶粉	4
嘉博士黄油	95
京日白豆沙	40
隆耀奶油芝士	40

馅料

原料名称	重量（克）
京日燕麦馅	500
京日珍珠黑豆蜜蜜豆	75
百钻蔓越莓	30

装饰

原料名称	重量
奶粉*	适量

制作步骤

❶ 将顶焙良品蛋糕粉、百钻泡打粉和奶粉倒在操作台上。

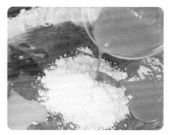

❷ 混合均匀后打粉圈。

（在第三张图）❸ 在粉圈中央倒入百钻糖粉、炼乳、蜂蜜、全蛋液和百钻臭粉。

❹ 混合搅拌均匀至无颗粒。

❺ 再依次加入嘉博士黄油、隆耀奶油芝士和京日白豆沙。

❻ 搅拌均匀。

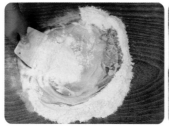

❼ 用叠压法将所有原料搅拌均匀。

❽ 用保鲜膜包裹后冷藏 1.5 小时。

❾ 将冷藏好的面团分割成每个 22 克的小剂子,用手轻轻揉圆。

❿ 按压成中间厚、边缘薄的圆饼。

⓫ 包入馅料。

⓬ 揉圆。

⓭ 轻轻按压成圆饼。

⓮ 摆入烤盘。

⓯ 入烤炉烘烤。上火 190℃,下火 150℃,烤 12 分钟。

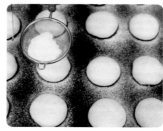

⓰ 出炉后表面筛奶粉装饰。

馅料 •

❶ 将京日燕麦馅、珍珠黑豆蜜蜜豆、百钻蔓越莓混合后搅拌均匀。　　❷ 分割成每个 20 克。　　❸ 用手轻轻揉圆。

成品展示 •

扫码观看
打粉圈视频

抹茶巧手

外皮

原料名称	重量（克）
顶焙良品蛋糕粉	570
嘉博士黄油	350
百钻糖粉	200
蛋黄	30
淡奶油*	20
麦嘉抹茶粉	20

馅料

原料名称	重量（克）
京日 JAB072Y 油红豆沙	500
熟松仁	100

❶ 将顶焙良品蛋糕粉和过筛后的麦嘉抹茶粉倒在操作台上，混合搅拌均匀，打粉圈。

❷ 在粉圈中间倒入嘉博士黄油、百钻糖粉，搅拌均匀。

❸ 加蛋黄，搅拌均匀。

❹ 用叠压法将面粉混合均匀。

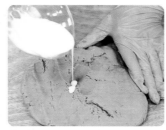

❺ 加入淡奶油，揉搓均匀。

❻ 分割成每个20克的小剂子。

❼ 用手揉搓至表面光滑。

❽ 压扁，包入馅料。

❾ 整理成形。

⑩ 放入烤盘。

⑪ 入炉烘烤。上火 155℃，
下火 160℃，烤约 18 分钟。

馅料 •————————————————————————

❶ 将京日 JAB072Y 油红豆沙、
熟松仁混合，搅拌均匀。

❷ 分割成每个 20 克。

❸ 揉圆。

成品展示 •————————————————————————

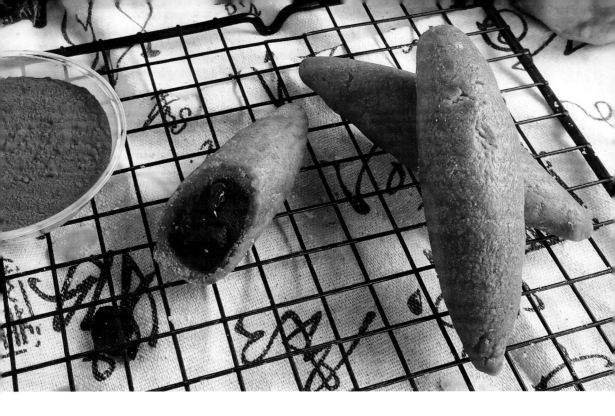

紫薯仔

原料名称	重量（克）
顶焙良品蛋糕粉	208
嘉博士黄油	123
百钻糖粉	49
水	46
麦嘉紫薯粉	23
隆耀细芝士粉	12
奶粉	12
盐	1

原料名称	重量（克）
京日紫甘薯豆沙	400
蔓越莓	80
白朗姆酒	5

原料名称	重量
淡奶油*	适量
麦嘉紫薯粉*	适量

制作步骤

❶ 将顶焙良品蛋糕粉、奶粉、麦嘉紫薯粉、隆耀细芝士粉倒在操作台上。

❷ 混合均匀后打粉圈。

❸ 在粉圈中央倒入嘉博士黄油、百钻糖粉和盐，混合均匀。

❹ 分次加水。

❺ 用叠压法混合均匀。

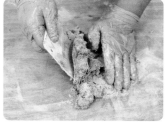

⑥ 揉至面团表面光滑。

⑦ 分割成每个 20 克的小剂子。

⑧ 用手轻轻搓圆，揉搓至表面光滑。

⑨ 压扁，擀成椭圆形。

⑩ 包入馅料。

⑪ 收口。

⑫ 表面蘸湿毛巾。

⑬ 裹麦嘉紫薯粉装饰。

⑭ 摆入烤盘。

⑮ 入炉烘烤，上火 160℃，下火 160℃，烤约 18 分钟。

⑯ 出炉，表面刷淡奶油。

 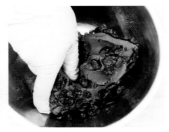 

❶ 蔓越莓加白朗姆酒浸泡 1 小时。

❷ 加京日紫甘薯豆沙，揉成团。

❸ 分割成每个 20 克。

❹ 用手轻轻搓圆。

❺ 搓成纺锤形或橄榄形。

成品展示 •

菠萝丹皮酥

外皮

原料名称	重量（克）
顶焙良品蛋糕粉	165
嘉博士黄油	110
百钻糖粉	75
全蛋液	50
奶粉	38
隆耀细芝士粉	15
百钻泡打粉	3
盐	2

馅料

原料名称	重量（克）
京日珍珠黑豆蜜蜜豆	100
枸杞子	40
白朗姆酒	5

装饰

原料名称	重量
全蛋液*、白芝麻*	各适量

❶ 将顶焙良品蛋糕粉、隆耀细芝士粉、百钻泡打粉、奶粉倒在操作台上。

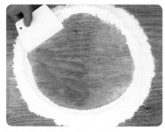

❷ 混合均匀后打粉圈。

❸ 在粉圈中央倒入嘉博士黄油、百钻糖粉和盐，混合搅拌均匀。

❹ 倒入全蛋液，搅拌均匀。

❺ 用叠压法将所有材料混合均匀。

❻ 揉搓至表面光滑。

❼ 分割成每个 50 克的小剂子。

❽ 揉圆后按扁。

❾ 包入馅料。

❿ 用手轻轻揉成球。

⓫ 压扁，整形。

⓬ 表面刷全蛋液后蘸白芝麻。

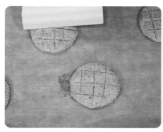  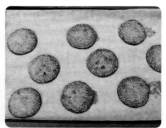

⑬ 放入烤盘，整形，用刮板压出纹路（横三刀、竖三刀）。

⑭ 入炉烘烤，上火190℃，下火160℃，烤约12分钟。

⑮ 出炉。

馅料 ●

❶ 将枸杞子与白朗姆酒混合均匀，浸泡1小时。

❷ 将京日珍珠黑豆蜜蜜豆与浸泡好的枸杞子混合均匀。

❸ 分成每份15克。

成品展示 ●

抹茶红豆烧果子

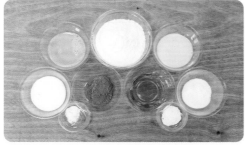

原料名称	重量（克）
顶焙良品中式点心粉	180
炼乳	60
百钻白砂糖	50
全蛋液	50
液态酥油	30
海藻糖	40
麦嘉抹茶粉	8
百钻泡打粉	3
百钻小苏打	1

馅 料

原料名称	重量（克）
京日 JA58MC 红豆沙	400
杏仁碎	40

装 饰

原料名称	重 量
腰果	适量
蛋清	适量
全蛋液*	适量

制 作 步 骤

❶ 将海藻糖、百钻白砂糖、液态酥油、炼乳和全蛋液依次倒入容器中。

❷ 隔水加热（水温40℃），搅拌均匀。

❸ 倒入顶焙良品中式点心粉、麦嘉抹茶粉、百钻泡打粉、百钻小苏打。

④ 搅拌均匀至无颗粒。

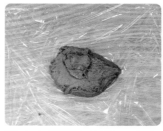

⑤ 包上保鲜膜，冷藏1.5小时。

⑥ 取出冷藏好的面团，分割成每个25克的小剂子。

⑦ 轻轻揉成圆球形，然后压至中间厚、边缘薄。

⑧ 包入馅料。

⑨ 轻轻揉成圆球形。

⑩ 用小拇指在中间轻轻按压。

⑪ 形成凹陷。

⑫ 表面刷全蛋液。

⑬ 将蛋清倒入腰果中搅拌均匀。

⑭ 将腰果放入凹陷中装饰。

⑮ 摆入烤盘。

⑯ 入炉烘烤，上火 160℃，
下火 140℃，烤约 15 分钟。

⑰ 出炉。

馅料 ●

❶ 将京日 JA58MC 红豆沙、
杏仁碎倒入容器，搅拌均匀。

❷ 分割成每个 35 克，轻轻揉
成圆球。

成品展示 ●

熔岩曲奇

原料名称	重量（克）
顶焙良品全麦粉	180
嘉博士黄油	120
红糖	60
全蛋液	60
碧根果碎	50
蔓越莓	50
百钻幼砂糖	40
百钻泡打粉	2
百钻小苏打	1

馅料

原料名称	重量（克）
隆耀奶油芝士	200
京日 JY58M 白豆沙	50
柠檬汁	2

装饰

原料名称	重量
杏仁片 *	适量
奶粉 *	适量

制作步骤

❶ 将顶焙良品全麦粉、百钻小苏打、百钻泡打粉混合。

❷ 混合均匀后打粉圈。

❸ 在粉圈中央倒上嘉博士黄油、过筛的红糖、百钻幼砂糖。

❹ 搅拌均匀。

❺ 倒入全蛋液。

❻ 混合搅拌均匀。

❼ 倒入碧根果碎和蔓越莓，搅拌均匀。

❽ 用叠加法将原料全部混合均匀。

❾ 分割成每个40克的小剂子。

❿ 揉圆。

⓫ 压至中间厚、边缘薄。

⓬ 用半包法包入馅料。

⓭ 摆入烤盘，用手掌轻轻压扁，整理形状。

⓮ 表面用杏仁片装饰。

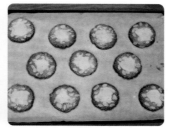

⓯ 入炉烘烤，上火 190℃，下火 160℃，烤约 12 分钟。

⓰ 出炉，筛奶粉装饰。

馅料 ●━━━━━━━━━━━━━━━━━━━━━━━━━━━━━━━━━━━━━━━

❶ 将隆耀奶油芝士、京日 JY58M 白豆沙、柠檬汁倒入容器，搅拌均匀。

❷ 冷藏。

❸ 将冷藏后的馅料分割成每个 20 克。

成品展示 ●━━━━━━━━━━━━━━━━━━━━━━━━━━━━━━━━━━━━━━

烧果子

原料名称	重量（克）
伊利炼乳	175
顶焙良品中式点心粉	175
百钻泡打粉	5
蛋黄液	35

馅料

原料名称	重量（克）
京日 JY65H 白豆沙	190
奶油芝士	190
熟南瓜子	55
麦嘉红茶碎	1

装饰

原料名称	重量
带皮杏仁	适量
蛋清	适量
奇亚籽 *	适量
蛋黄液 *	适量

 制作步骤

❶ 将顶焙良品中式点心粉倒在操作台上，打粉圈。

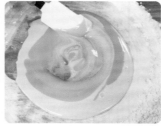

❷ 在粉圈中央依次倒入伊利炼乳、蛋黄液、百钻泡打粉，混合均匀。

❸ 用叠压法混合成面团。

④ 面团用保鲜膜包裹，冷藏 2 小时。

⑤ 取出冷藏好的面团，分割成每个 25 克的小剂子。

⑥ 轻轻揉成球状。

⑦ 按压至中间厚、边缘薄。

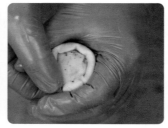

⑧ 包入馅料。

⑨ 轻轻揉圆后压成圆饼。

⑩ 用刮刀整理形状。

⑪ 饼坯四个侧面蘸湿毛巾。

⑫ 四个侧面蘸奇亚籽后摆入烤盘。

⑬ 表面刷两遍蛋黄液。

⑭ 将带皮杏仁与蛋清搅拌均匀，按压于饼坯表面作装饰。

⑮ 入炉烘烤，上火 215℃，下火 150℃，烤 11 分钟。

⑯ 出炉，用干毛刷轻刷表面。

馅料 •

❶ 将所有原料倒入容器中搅拌均匀。

❷ 分割成每个25克，轻轻搓圆。

成品展示 •

发酵司康

蔓越莓款

核桃红枣款

原料名称	重量（克）
顶焙良品面包粉	500
全蛋液	200
水	220
安琪高糖酵母	15

主面团

原料名称	重量（克）
嘉博士黄油	500
顶焙良品蛋糕粉	400
顶焙良品中式点心粉	110
奶粉	50
百钻泡打粉	35
盐	10

蔓越莓款

原料名称	重量（克）
蔓越莓*	135
葡萄干*	100
奇亚籽*	20

核桃红枣款

原料名称	重量（克）
核桃碎*	200
红枣碎*	200

装饰

原料名称	重量
蛋黄液*	适量
杏仁片*	适量
燕麦片*	适量
奶粉*	适量

馅料

原料名称	重量（克）
京日JXY060M油芋头沙	360
芒果干	72

制作步骤

❶ 将中种面团原料依次倒入搅拌机，搅拌均匀。

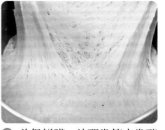

❷ 盖保鲜膜，放醒发箱中发酵1小时，温度28℃，湿度75%。

❸ 将主面团原料依次加入发酵好的中种面团内，搅拌均匀。

❹ 取出面团，分割成 700 克和 1300 克两个面团。

蔓越莓款 ●

❶ 将奇亚籽、蔓越莓、葡萄干与 700 克的面团搅拌均匀。

❷ 放入醒发箱，温度 28℃，湿度 80%，醒发 20 分钟。

❸ 将醒发好的面团分割成每个 40 克。

❹ 揉成圆球形，再轻轻压至中间厚、边缘薄。

❺ 包入揉好的馅料。

❻ 揉圆后轻轻压扁。

❼ 放入醒发箱，温度 30℃，湿度 80%，醒发 40 分钟。

❽ 在醒发好的饼坯表面刷两遍蛋黄液。

❾ 用杏仁片装饰。

⑩ 入炉烘烤，上火 210℃，
下火 150℃，烤约 15 分钟。

⑪ 出炉，用干毛刷轻扫表面
（增加表面光泽度）。

核桃红枣款 •————————————————————————————————

① 将核桃碎、红枣碎、1300
克的面团倒入搅拌机中搅拌
均匀。

② 将面团平均分成两份，放
入醒发箱，温度 28℃，湿度
80%，醒发 20 分钟。

③ 取出醒发好的面团，用擀
面杖擀成圆饼，放入模具中。

④ 表面刷蛋黄液后撒上燕
麦片。

⑤ 按压平整，冷冻至硬。

⑥ 取出冷冻好的饼坯，每个
饼坯平均分割成 8 块。

⑦ 摆入烤盘，入炉烘烤，上
火 210℃，下火 150℃，烤约
15 分钟。

⑧ 出炉，表面筛奶粉装饰。

馅料 •

❶ 将京日 JXY060M 油芋头沙、芒果干搅拌均匀。

❷ 分割成每个 15 克，轻轻揉成球形。

成品展示 •

蔓越莓款

核桃红枣款

本书中使用的酵母为安琪酵母提供的高品质产品，具有风味好、耐冷冻、入炉膨胀性好等特点。

除了广受欢迎的酵母系列产品，近年来，随着烘焙行业和新式茶饮行业的不断发展，安琪酵母推出了最新的诚意之作——百钻稀奶油。

🔸 特点

- 甄选优质原生态乳源，脂肪含量达到36%，质地醇厚，营养价值高。口感轻盈绵软，奶香醇正，余味悠长。
- 具有良好的打发性和可塑性，广泛应用于蛋糕、西点和中式点心的装饰和夹馅等，可塑性强，挺立度好，持久稳定。
- 除了应用于烘焙领域外，还可适用于茶饮、冰品等领域，与各类产品制作的适配度高，操作方便快捷。
- 价格相对降低，性价比高。

宫廷桃酥

外皮

原料名称	重量（克）
棕榈油	200
顶焙良品中式点心粉	260
百钻绵白糖	130
全蛋液	35
百钻小苏打	4
百钻泡打粉	4
黑芝麻	10

◈ 制作步骤

❶ 将冷冻后的棕榈油、百钻绵白糖倒入搅拌机,混合均匀,打发。

❷ 分次加入全蛋液,搅拌均匀。

❸ 依次加入顶焙良品中式点心粉、百钻小苏打、百钻泡打粉搅拌均匀。

❹ 分割成每个 35 克,轻轻揉圆。

❺ 用手在中间按压出凹陷,中间用黑芝麻点缀。

❻ 入炉烘烤,上火 190℃,下火 140℃,烤约 15 分钟,翻面再烤 1 分钟后出炉。

成品展示

杨枝甘露

扫码观看
操作视频

外皮

原料名称	重量（克）
京日无油绿豆沙	200
顶焙良品中式点心粉	200
嘉博士黄油	74
百钻糖粉	74
全蛋液	54
炼乳	36
百钻泡打粉	4
麦嘉黄丝绒粉*	1

馅料

原料名称	重量（克）
京日无油绿豆沙	125
京日 JY58M 白豆沙	125
芒果丁、柚子丁	各25
椰蓉	25
椰浆	10

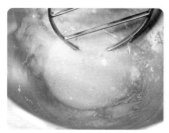

❶ 将全蛋液、百钻糖粉、炼乳依次倒入搅拌机，搅拌均匀。

❷ 倒入京日无油绿豆沙，搅拌均匀。

❸ 加入嘉博士黄油，搅拌均匀至无颗粒。

❹ 加入麦嘉黄丝绒粉，搅拌均匀。

❺ 最后倒入顶焙良品中式点心粉、百钻泡打粉搅拌均匀。

❻ 分割成每个 20 克。

❼ 用手轻轻揉圆后按扁。

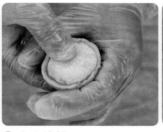

❽ 包入馅料。

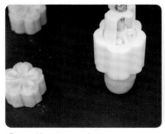

❾ 用模具按压成形。

❿ 入炉烘烤，上火 160℃，下火 150℃，烤约 15 分钟。

❶ 将椰蓉、椰浆混合均匀。

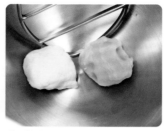

❷ 将京日无油绿豆沙、京日
JY58M 白豆沙倒入搅拌机，搅
拌均匀。

❸ 依次倒入混合好的椰蓉、
柚子丁、芒果丁，搅拌均匀。

❹ 分割成每个 30 克，用手轻
轻揉圆。

成品展示 •

柠檬乳酪幸会

扫码观看
操作视频

外皮

原料名称	重量（克）
顶焙良品中式点心粉	250
嘉博士黄油	225
百钻糖粉	110
隆耀奶油芝士	40
熟杏仁粉	40
玉米淀粉	20

原料名称	重量（克）
京日 JY58M 白豆沙	250
隆耀奶油芝士	150
柠檬丁	50
隆耀黄芝士片	45
柠檬汁	5

装饰

原料名称	重量
蛋黄液*	适量
杏仁片*	适量
蜂蜜*	适量

❀ 制作步骤

❶ 将顶焙良品中式点心粉、熟杏仁粉、玉米淀粉混合均匀。　❷ 打粉圈。　❸ 在粉圈中央倒入剩余外皮原料，混合均匀至无颗粒。

❹ 用叠压法将所有材料混合均匀成面团。

❺ 分割成每个30克的小剂子。　❻ 搓圆后按压至中间厚、边缘薄。　❼ 包入馅料。

⑧ 揉圆。

⑨ 装入法式月饼托，按压成形。

⑩ 表面刷两遍蛋黄液后用竹扦划出曲线。

⑪ 用杏仁片点缀。

⑫ 入炉烘烤，上火 200℃，下火 190℃，烤约 18 分钟。

⑬ 出炉前 3 分钟表面刷蜂蜜。

馅料 •

❶ 将京日 JY58M 白豆沙、隆耀奶油芝士倒入搅拌机，搅拌均匀。

❷ 加入柠檬汁搅拌均匀。

❸ 倒入柠檬丁、隆耀黄芝士片搅拌均匀。

❹ 分割成每个 25 克，揉圆。

成品展示 •

好运酥

原料名称	重量（克）
顶焙良品中式点心粉	760
百钻糖粉	180
伊利淡奶油	180
嘉博士黄油	150
炼乳	225
蛋黄液	75
隆耀奶油芝士	45
奶粉	45
盐	2
麦嘉紫薯粉	6
麦嘉炭黑粉	1
麦嘉黄丝绒粉	3
麦嘉火龙果粉	6

馅料

原料名称	重量（克）
椒盐坚果款	
京日 J58M 白豆沙	200
黑芝麻	20
白芝麻	50
椒盐	8
坚果碎	50
黄油	20
玫瑰奶酪款	
奶油芝士	100
玫瑰酱	100
京日 J65YH 白豆沙	200
熟糯米粉	30
燕麦芒果款	
燕麦馅	300
芒果丁	70
新西兰奶粉	40
原味栗子款	
栗子酱	300
橙皮丁	45
君度橙味力娇酒	5
芝士草莓款	
京日 J65YH 白豆沙	150
奶油芝士	100
草莓丁	45

制作步骤

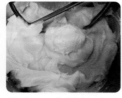
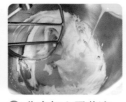
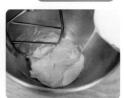

❶ 将嘉博士黄油、百钻糖粉、盐依次倒入搅拌机中，搅拌均匀。

❷ 加入隆耀奶油芝士，搅拌均匀。

❸ 分次加入蛋黄液，搅拌均匀。

❹ 分次加入伊利淡奶油，搅拌均匀。

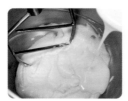

⑤ 分次加入炼乳，搅拌均匀。

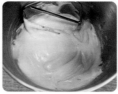

⑥ 倒入奶粉搅拌均匀，成膏状。

⑦ 将搅拌好的原料分成5份，每份165克。

椒盐坚果款

① 取其中一份面团，加入150克中式点心粉，搅拌均匀。

② 分割成每个26克的小剂子。

③ 压至中间厚、边缘薄。

④ 包入椒盐坚果馅。

⑤ 揉圆。

⑥ 整成长方形。

⑦ 用模具按压成形。

⑧ 入炉烘烤，上火180℃，下火150℃，约15分钟后出炉。

玫瑰奶酪款

① 取其中一份面团，加入麦嘉紫薯粉、155克中式点心粉搅匀。

② 分割成每个26克的小剂子。

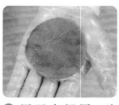

③ 压至中间厚、边缘薄。

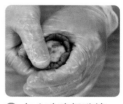

④ 包入玫瑰奶酪馅。

⑤ 放入模具，按压成形。

⑥ 入炉烘烤，上火165℃，下火120℃，烤约15分钟后出炉。

❶ 取其中一份面团，加入麦嘉炭黑粉，150克中式点心粉，搅拌均匀。

❷ 分割成每个 26 克的小剂子。

❸ 压至中间厚、边缘薄。

❹ 包入燕麦芒果馅。

❺ 放入模具，按压成形。

❻ 入炉烘烤，上火180℃，下火150℃，烤约 15 分钟后出炉。

原味栗子款 •

❶ 取其中一份面团，加入麦嘉黄丝绒粉、150克中式点心粉，搅拌均匀。

❷ 分割成每个 26 克的小剂子。

❸ 压至中间厚、边缘薄。

❹ 包入原味栗子馅。

❺ 放入模具，按压成形。

❻ 入炉烘烤，上火165℃，下火115℃，烤约 15 分钟后出炉。

① 取一份面团，加入麦嘉火龙果粉、155 克中式糕点粉，搅拌均匀。

② 分割成每个 26 克的小剂子。

③ 压至中间厚、边缘薄。

④ 包入芝士草莓馅。

⑤ 放入模具，按压成形。

⑥ 入炉烘烤，上火 165 ℃，下火 115 ℃，烤约 15 分钟后出炉。

馅料 •

椒盐坚果款

① 将黑芝麻（可以用黑芝麻粉代替）、白芝麻擀碎，与京日 J58M 白豆沙、椒盐、坚果碎、黄油一起倒入搅拌机，搅拌均匀。

② 分割成每个 26 克，揉圆。

玫瑰奶酪款

① 将奶油芝士、玫瑰酱、京日 J65YH 白豆沙倒入搅拌机，搅匀，再倒入熟糯米粉搅匀。

② 分割成每个 26 克，揉圆。

燕麦芒果款

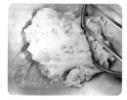

① 将燕麦馅、芒果丁、新西兰奶粉依次倒入搅拌机，搅拌均匀。

② 分割成每个 26 克，揉圆。

原味栗子款

① 将栗子酱、橙皮丁、君度橙味力娇酒倒入搅拌机，搅拌均匀。

② 分割成每个 26 克，揉圆。

芝士草莓款

❶ 将京日 J65YH 白豆沙、奶油芝士、草莓丁依次倒入搅拌机，搅拌均匀。

❷ 分割成每个26克，揉圆。

成品展示 ●

本书配方中的紫薯粉、火龙果粉等是由麦嘉生产的天然果蔬粉，
适用于蛋糕、面包、西点、慕斯、饮料以及各种面食的制作。
麦嘉宗旨：远离营养过剩，多食天然植物。

❀ 七大类产品系列

- 水果粉：火龙果粉、草莓粉、榴莲粉、芒果粉、蓝莓粉、树莓粉、椰子粉等。
- 蔬菜粉：南瓜粉、紫薯粉、甜菜粉、大麦苗粉、菠菜粉、山药粉、芋头粉等。
- 茶　粉：抹茶粉、贰A抹茶、红茶粉、白桃高焙乌龙茶粉、白茶粉、大红袍乌龙茶粉、龙井茶粉等。
- 茶　碎：伯爵红茶碎、茉莉绿茶碎、桂花绿茶碎、炭焙乌龙茶碎等。
- 装饰粉：抹茶味、覆盆子味、葡萄味、芒果味等。
- 水果干：草莓干、芒果干、火龙果干、榴莲干、蔓越莓干等。
- 蔬菜丁：南瓜丁、紫薯丁、胡萝卜丁等。

　　麦嘉（苏州）食品有限公司专注于烘焙原料的开发与创新，作为果蔬粉行业的引领者，旗下品牌"葉世粮仓"致力于天然果蔬粉研发与创新，拥有20年的制粉经验，产品出口美国、欧盟、日本、韩国、东南亚等国家和地区，公司通过HACCP、ISO9000等质量体系认证。

菠萝蛋黄酥

原料名称	重量（克）
嘉博士黄油	125
百钻糖粉	75
奶粉	38
全蛋液	50
盐	1
隆耀芝士粉	12
百钻泡打粉	3
顶焙良品蛋糕粉	180
顶焙良品面包粉	23

原料名称	重量（克）
凤梨馅（见 P19）	400
熟鸭蛋黄（见 P16）	14 个

装饰

原料名称	重量
蛋黄液*	适量

馅料

⊛ 制作步骤

❶ 把百钻糖粉、嘉博士黄油、盐倒入容器，搅拌均匀。

❷ 加入全蛋液，搅拌均匀。

❸ 依次加入顶焙良品蛋糕粉、顶焙良品面包粉、百钻泡打粉、奶粉、隆耀芝士粉，搅拌均匀。

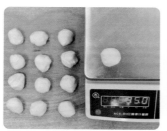

❹ 分割成每个 35 克的小剂子。

❺ 揉圆，包入馅料，轻轻揉成球形。

❻ 放入烤盘，用刮板背在表面横三刀、竖三刀压出花纹。

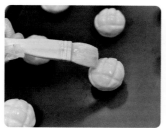

❼ 表面轻轻刷两遍蛋黄液。

❽ 入炉，165℃烤约 15 分钟。

❾ 出炉后用干毛刷轻刷表面。

❶ 将凤梨馅分割成每个30克。　❷ 压扁后包入熟鸭蛋黄。　❸ 揉成球。

成品展示 •

红果饼

原料名称	重量（克）
大豆油	100
麦芽糖浆	85
京日 JY58M 白豆沙	60
百钻臭粉	1
蛋黄液	6
甘油	1
顶焙良品中式点心粉	150

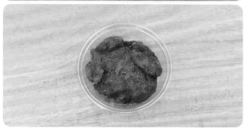

馅料

原料名称	重量（克）
冰糖山楂馅	450

制作步骤

❶ 将京日 JY58M 白豆沙、百钻臭粉、麦芽糖浆倒入容器，搅拌均匀。

❷ 倒入大豆油搅拌均匀。

❸ 加入甘油、蛋黄液搅拌均匀。

❹ 倒入顶焙良品中式点心粉，搅拌至表面光滑。

❺ 分成每个 20 克的小剂子。

❻ 轻轻揉圆、按扁后包入馅料。

⑦ 揉圆。

⑧ 放入烤盘，用红果饼模具按压成形。

⑨ 入烤炉烘烤，上火 230℃，下火 130℃，烤约 10 分钟后出炉。

馅料 •————————————————————

把冰糖山楂馅分割成每个 20克，轻轻揉成球形。

成品展示 •————————————————————

山楂锅盔

原 料 名 称	重 量 （ 克 ）
顶焙良品中式点心粉	224
百钻绵白糖	84
色拉油	52
嘉博士黄油	48
全蛋液	38
百钻泡打粉	1

馅 料

原 料 名 称	重 量 （ 克 ）
冰糖山楂馅	400

❀ 制作步骤

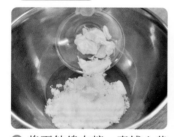

❶ 将百钻绵白糖、嘉博士黄油倒入容器，搅拌均匀。

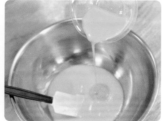

❷ 分次倒入全蛋液，搅拌均匀。

❸ 倒入色拉油，搅拌均匀。

❹ 依次倒入顶焙良品中式点心粉、百钻泡打粉搅拌均匀。

❺ 分割成每个30克的小剂子。

❻ 揉圆、按扁后包入馅料，轻轻整成圆球形。

❼ 放入烤盘，用模具整形。

❽ 盖上山楂锅盔印章。

❾ 入炉烘烤，上火190℃，下火130℃，烤约12分钟后出炉。

馅料 •——————————————————————————————

将冰糖山楂馅分割成每个30克。

成品展示 •——————————————————————————————

双料桃酥

原料名称	重量（克）
黑芝麻粉	30
嘉博士黄油	130
百钻白砂糖	120
盐	2
百钻臭粉	2
百钻小苏打	2
全蛋液	30
山药粉	60
顶焙良品中式点心粉	90
顶焙良品面包粉	40

制作步骤

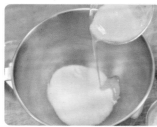

❶ 将百钻白砂糖、全蛋液、盐、百钻臭粉、百钻小苏打搅拌均匀。

❷ 加入嘉博士黄油，搅拌至微发、无颗粒。

❸ 加入山药粉、顶焙良品中式点心粉、顶焙良品面包粉，搅拌均匀至表面光滑。

❹ 将面团平均分成两份。取其中一份加黑芝麻粉揉匀。

❺ 将山药面团和黑芝麻面团都分割成每个 20 克的小剂子。

⑥ 将山药面团按扁后包裹黑芝麻面团。　⑦ 轻轻揉成球形。　⑧ 用手掌轻轻压扁。

⑨ 用手指在中间压出凹陷。　⑩ 入炉烘烤，160 ℃ 烤约16 分钟。　⑪ 出炉。

成品展示 ●━━━━━━━━━━━━━━━━━━━━━━━━━━━━━━━━━━━━━━━

鸡仔饼

原料名称	重量（克）
麦芽糖	99
嘉博士黄油	33
水	9
顶焙良品蛋糕粉	129

冰 肉

原料名称	重量（克）
肥猪肉丁	400
粗糖	280
高度白酒	16

原料名称	重量（克）
花生碎	60
白芝麻	20
胡椒粉	3
味精、五香粉、鸡精	各 2
南乳	28
蒜头	20
冰肉	300
三洋糕粉	92
粟粉	8

装饰

原料名称	重量
蛋黄液 *、白芝麻 *	各适量

✿ 制作步骤

❶ 将麦芽糖、嘉博士黄油搅匀。

❷ 加水搅拌均匀。

❸ 加入顶焙良品蛋糕粉搅匀。

❹ 分割成每个 6 克的小剂子。

❺ 揉圆、按扁后包入馅料。

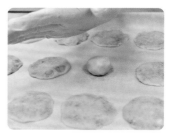

❻ 摆入烤盘，按压成饼状。

❼ 表面刷蛋黄液，撒白芝麻，放入烤炉烘烤。

❽ 上火 180 ℃，下火 160 ℃，烤 25 分钟，表面呈金黄色即可出炉。

冰肉 •

❶ 将肥猪肉丁搅拌成末，加入粗糖搅拌均匀。

❷ 加高度白酒搅拌均匀。

❸ 装入干净的盆子里，盖上保鲜膜，放入冰箱冷藏隔夜后使用。

馅料 •

❶ 提前将花生碎、白芝麻烤熟；与胡椒粉、味精、五香粉、鸡精、南乳、蒜头搅拌均匀。

❷ 加入冰肉搅拌均匀，软硬度可用猪油调整。

❸ 加入三洋糕粉、粟粉搅拌均匀（搅拌时间不宜过久，会起筋）。

❹ 分割成每个12克。

成品展示 •

花生酥

原料名称	重量（克）
顶焙良品中式点心粉	200
嘉博士黄油	120
百钻糖粉	45
熟花生粉	30
蛋黄液	25
淡奶油	25
奶粉	25
顶焙良品面包粉	20
盐	1

馅料

原料名称	重量（克）
京日 JY65Y 白豆沙	300
花生酱	150
熟花生碎	50
嘉博士黄油	20

制作步骤

❶ 依次将嘉博士黄油、百钻糖粉、盐倒入容器中，搅拌均匀。

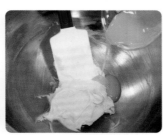

❷ 加入蛋黄液，搅拌拌匀。

❸ 加入淡奶油，搅拌均匀。

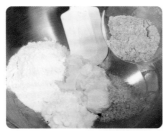

❹ 依次加入顶焙良品面包粉、顶焙良品中式点心粉、奶粉、熟花生粉，搅拌均匀至无干粉。

❺ 分割成每个 25 克的小剂子。

❻ 压成中间厚、边缘薄的圆饼，包入馅料。

❼ 揉圆后整成长方形。

❽ 装入模具，按压成形。

❾ 入炉烘烤，上火 210℃，下火 120℃，烤约 15 分钟后出炉。

馅料

❶ 将京日 JY65Y 白豆沙揉搓至无颗粒，与花生酱、嘉博士黄油、熟花生碎倒入容器，搅拌均匀。

❷ 将揉好的馅料分成每个 25 克，轻轻揉圆。

成品展示

蛋清饼

外皮

原料名称	重量（克）
顶焙良品中式点心粉	287
百钻糖粉	90
色拉油	75
全蛋液	65
伊利牛奶	40
奶粉	12
百钻臭粉	1
百钻泡打粉	1
百钻小苏打	1

原料名称	重量（克）
干百合	60
京日绿豆蜜蜜豆	500
水	160
伊利牛奶	150
隆耀奶油	50

馅料

装饰

原料名称	重量
蛋黄液*	适量
马苏里拉双色芝士碎*	适量

❀ 制作步骤

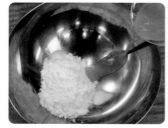

❶ 将百钻糖粉、奶粉、全蛋液搅拌均匀。

❷ 倒入百钻臭粉、百钻泡打粉、百钻小苏打、色拉油搅拌均匀。

❸ 倒入伊利牛奶搅拌均匀。

❹ 倒入顶焙良品中式点心粉，搅拌至无颗粒。整形，松弛30分钟。

❺ 分割成每个30克的小剂子。

❻ 包入馅料，揉成球形。

❼ 摆入烤盘，表面刷两遍蛋黄液。

❽ 撒马苏里拉双色芝士碎装饰。

❾ 入炉烘烤，上火 210℃，下火 160℃，烤约 12 分钟后出炉。

馅料 •

❶ 干百合加水浸泡 1 小时至泡软，沥干。

❷ 将所有原料倒入不粘锅炒制，收干至需要的软硬度。

❸ 分割成每个 40 克。

成品展示 •

白柚玫瑰雪饼

原料名称	重量（克）
玉米淀粉	100
顶焙良品中式点心粉	100
75 度白麦芽糖浆	80
嘉博士白油	55
百钻糖粉	40
蛋白液	20
奶油芝士	10
隆耀芝士细粉	3

馅料

原料名称	重量（克）
京日 JY58M 白豆沙	360
京日 JBL16Y 绿豆沙	360
柚子丁	70
玫瑰酱	60
白朗姆酒	10

装饰

原料名称	重量
玫瑰花瓣*	适量

制作步骤

❶ 将百钻糖粉、嘉博士白油、奶油芝士倒入容器混合均匀。

❷ 倒入 75 度白麦芽糖浆，搅拌均匀。

❸ 倒入蛋白液，搅拌均匀。

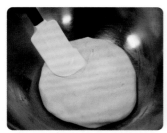

❹ 倒入顶焙良品中式点心粉、玉米淀粉、隆耀芝士细粉搅拌均匀，整形至表面光滑。

❺ 分割成每个 25 克的小剂子，轻轻揉成球形。

❻ 用手掌压扁，包入馅料后揉圆。

⑦ 表面喷水。

⑧ 裹玫瑰花瓣。

⑨ 码入烤盘，用圆形模具定形。

⑩ 上火 150℃，下火 155℃，烤约 20 分钟后出炉。

馅料 •————————————————————————

❶ 将京日 JBL16Y 绿豆沙揉至无颗粒，加入京日 JY58M 白豆沙，搅拌均匀。

❷ 依次倒入玫瑰酱、柚子丁、白朗姆酒搅拌均匀。

❸ 分割成每个 25 克。

成品展示 •————————————————————————

椰林海风

原料名称	重量（克）
顶焙良品面包粉	110
水	50
百钻白砂糖	20
全蛋液	10
嘉博士黄油	10
盐	1
安琪干酵母	1

外皮

原料名称	重量（克）
种面	200
嘉博士黄油	100
顶焙良品面包粉	100
顶焙良品中式点心粉	50
奶粉	12
百钻糖粉	20
盐	2

原料名称	重量（克）
顶焙良品中式点心粉	100
嘉博士黄油	100

馅料

原料名称	重量（克）
嘉博士黄油	80
椰子油	100
百钻糖粉	15
椰浆	120
奶粉	220
椰蓉	80
糖玫瑰	60
半干玫瑰 *	5

装饰

原料名称	重量
蛋黄液 *	适量

❀ 制作步骤

❶ 把安琪干酵母倒入水中，搅拌均匀后倒入搅拌机。

❷ 依次倒入顶焙良品面包粉、全蛋液、盐、百钻白砂糖，慢速搅拌 2 分钟，再快速搅拌 4 分半。

❸ 倒入嘉博士黄油，慢速搅拌 2 分钟，面团可拉出薄膜，断口处成平滑状。

❹ 倒入烤盘，放醒发箱，温度 30℃，湿度 80%，发酵 1 小时，制成种面。

❺ 将发酵好的种面放入搅拌机，依次倒入顶焙良品面包粉、顶焙良品中式点心粉、嘉博士黄油、盐、奶粉、百钻糖粉。

❻ 搅拌至面团可拉出薄膜。

❼ 分割成每个 20 克的小剂子。

⑧ 揉圆、压扁后包入油酥。

⑨ 操作台上撒上手粉，用擀面杖将面团轻轻擀成长条形。

⑩ 卷起。

⑪ 重复操作两次（两次小开酥）。

⑫ 把酥皮擀圆，包入馅料，整形成球形，再搓成椭圆形。

⑬ 放入烤盘，用椭圆形模具定形，放入醒发箱醒发 20 分钟。

⑭ 表面刷两遍蛋黄液后划两刀。

⑮ 入炉烘烤，上火 210℃，下火 185℃，烤 15 分钟后出炉。

油酥

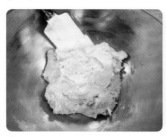
❶ 将顶焙良品中式点心粉和嘉博士黄油搅拌均匀。

❷ 分割成每个 5 克。

❶ 将椰子油、嘉博士黄油、百钻糖粉倒入容器中，搅拌均匀至无颗粒。

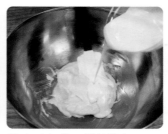

❷ 加入椰浆，搅拌均匀。

❸ 依次加入椰蓉、奶粉搅拌均匀。

❹ 加入糖玫瑰，搅拌均匀。

❺ 加入半干玫瑰，搅拌均匀。

❻ 分割成每个 25 克，揉圆。

成品展示 ●

苦荞酥饼

原料名称	重量（克）
嘉博士黄油	230
苦荞粉	330
全蛋液	150
百钻糖粉	115
奇亚籽	30
盐	3

原料名称	重量
奇亚籽*	适量

❶ 将百钻糖粉、嘉博士黄油、盐倒入容器，搅拌均匀。

❷ 分次加入全蛋液拌匀。

❸ 加入苦荞粉、奇亚籽拌匀。

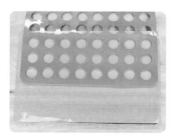

❹ 烤盘中放高温布瓦片模。

❺ 将面糊抹入模具内。

❻ 撒奇亚籽。

❼ 整理平整，脱模。

❽ 移入烤盘，150℃烤18分钟。

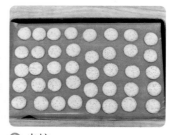

❾ 出炉。

成品展示 ●————————————————

软桃酥

原料名称	重量（克）
顶焙良品蛋糕粉	700
百钻绵白糖	250
色拉油	250
全蛋液	200
75 度麦芽糖浆	125
百钻臭粉	7
百钻小苏打	7

装饰

原料名称	重量
蛋黄液*	适量
金丝蜜枣*	适量

馅料

原料名称	重量
红枣丁*	适量

❶ 将全蛋液、百钻绵白糖、75 度麦芽糖浆倒入搅拌机，中速搅拌 5 分钟。

❷ 慢慢加入色拉油，搅拌均匀。

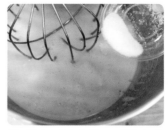

❸ 倒入百钻臭粉、百钻小苏打搅拌均匀。

❹ 加入顶焙良品蛋糕粉。

❺ 更换成桨状搅拌扇，慢速搅拌至无干粉。

❻ 取出面团，用叠压法揉至面团表面光滑。

❼ 分割成每个 40 克的剂子，揉圆、压扁。

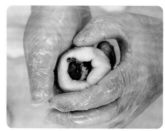

❽ 每个包入 3 克红枣丁，轻轻揉圆。

❾ 放入铺好吸油纸的烤盘，轻轻用手掌按压成饼，表面压十字。

⑩ 刷两遍蛋黄液。　　　　⑪ 用金丝蜜枣装饰。

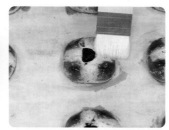

⑫ 入炉烘烤，上火 210℃，
下火 155℃，烤 8 ~ 12 分钟。

⑬ 出炉后拿干毛刷轻刷表面，
使表面色泽光亮。

成品展示 ●━━━━━━━━━━━━━━━━━━━━━━━━━━━━━

蛋月烧

原料名称	重量（克）
顶焙良品中式点心粉	770
百钻糖粉	280
全蛋液	225
顶焙良品面包粉	230
液态油	215
海藻糖	210
大豆油	175
75 度白麦芽糖浆	75
百钻臭粉	9
蜂蜜	40
甘油	45
百钻泡打粉	3
月饼改良剂	2

原料名称	重量（克）
低糖红豆核桃款	
京日 JA58MC–DT 红豆馅	1000
熟核桃仁	200
伊利淡奶油*	70
乳酪丹波款	
京日 JY65Y–DT 白豆沙	400
奶油芝士	400
京日丹波黑豆	400

装饰

原料名称	重量
蛋黄液*	适量

制作步骤

❶ 将75度白麦芽糖浆、蜂蜜、全蛋液、百钻臭粉、甘油、百钻糖粉、海藻糖、月饼改良剂依次倒入搅拌机，中速搅拌5分钟。

❷ 把液态油和大豆油慢慢加入搅拌机，充分搅拌吸收。

❸ 更换成浆状搅拌扇，依次加入顶焙良品面包粉、顶焙良品中式点心粉、百钻泡打粉，慢速搅拌均匀至无干粉。

❹ 取出面团，放在烤盘上松弛 30 分钟。

❺ 把松弛好的面团分割成每个 45 克的剂子。

❻ 揉圆、压扁，用一部分剂子包入乳酪丹波款馅料。

❼ 揉圆，放入蛋月烧模具。

❽ 用印章压出纹路。

❾ 用剩余剂子包入低糖红豆核桃款馅料。

❿ 揉圆，放入蛋月烧模具。

⓫ 用印章压出纹路。

⓬ 两种蛋月烧表面分别刷两遍蛋黄液。

⓭ 两种蛋月烧分别入炉烘烤，温度 165℃，烤 18 ~ 20 分钟。

⓮ 出炉，脱模。

馅料

低糖红豆核桃款

❶ 将京日 JA58MC-DT 红豆馅、熟核桃仁放入容器中混合均匀。

❷ 加伊利淡奶油混合均匀。

❸ 分割成每个 60 克，轻轻揉圆。

乳酪丹波款

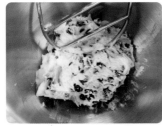

❶ 将 JY65Y-DT 白豆沙、奶油芝士、京日丹波黑豆依次加入搅拌机，搅拌均匀。

❷ 分割成每个 60 克，轻轻揉圆。

成品展示

红豆方酥

原料名称	重量（克）
顶焙良品中式点心粉	350
猪油	135
百钻糖粉	50
伊利牛奶	40
玉米糖稀	17

原料名称	重量（克）
京日 JA58MC 红豆沙	300
红小豆	100

制作步骤

❶ 将猪油、百钻糖粉搅拌均匀至微白色。

❷ 加入玉米糖稀搅拌均匀。

❸ 加入伊利牛奶、顶焙良品中式点心粉，搅拌均匀。

❹ 将面团分成每个 25 克的剂子。

❺ 将剂子揉圆、压扁，包入馅料。

❻ 用模具塑形后放在烤盘上。

⑦ 盖印章。

⑧ 入炉烘烤，上火 150℃，
下火 170℃，烤约 15 分钟后
出炉。

馅料 •—————————————————————————

❶ 将京日 JA58MC 红豆沙与
红小豆搅拌均匀。

❷ 分成每个 25 克。

成品展示 •———————————————————————

玫瑰芒果

原料名称	重量（克）
顶焙良品蛋糕粉	200
炼乳	66
全蛋液	48
嘉博士黄油	46
百钻糖粉	46
水	2
百钻小苏打	2
蜂蜜	8
百钻泡打粉	2
麦嘉火龙果粉 *	2

馅料

原料名称	重量（克）
京日 JY65Y 白豆沙	300
芒果丁	150
玫瑰酱	100

装饰

原料名称	重量
蓝莓酱*	适量

✿ 制作步骤

❶ 将百钻糖粉、软化的嘉博士黄油倒入容器，搅拌均匀。

❷ 依次加入全蛋液、炼乳、水、蜂蜜、百钻泡打粉、百钻小苏打搅拌均匀。

❸ 倒入顶焙良品蛋糕粉搅拌均匀，揉至表面光滑。

❹ 分出 60 克面团，混合 2 克麦嘉火龙果粉。

❺ 轻轻揉至表面光滑。

❻ 把原色面团按压成饼。把彩色面团揪成不规则的小剂子，按压在原色面饼上。

❼ 轻轻折叠三次。

⑧ 分割成每个 25 克的剂子，揉圆。

⑨ 将面团按压至中间厚、边缘薄，包入馅料，轻轻揉圆。

⑩ 用手将面团揉搓成苹果形，用小拇指在中间按出凹陷。

⑪ 放入烤盘，在凹陷处挤入蓝莓酱装饰。

⑫ 入炉烘烤，上火 150℃，下火 180℃，烤 15 ~ 18 分钟出炉。

馅料

❶ 将 JY65Y 白豆沙倒入容器，揉搓至无颗粒，依次加入玫瑰酱、芒果丁，搅拌均匀。

❷ 分割成每个 25 克，轻轻揉圆。

成品展示

御皇酥

原料名称	重量（克）
京日 JBL16Y 绿豆沙	250
熟鸭蛋黄	50
顶焙良品中式点心粉	37
嘉博士黄油	25
75 度麦芽糖	25
蛋黄液	15

馅料

原料名称	重量（克）
京日 JBL16Y 绿豆沙	560
熟鸭蛋黄	200
嘉博士黄油	55

制作步骤

❶ 将京日 JBL16Y 绿豆沙、嘉博士黄油、过筛后的熟鸭蛋黄搅拌均匀。

❷ 加入 75 度麦芽糖、蛋黄液，用刮刀搅拌均匀。

❸ 加入顶焙良品中式点心粉，搅拌均匀。

❹ 分割成每个 25 克的剂子，揉圆。

❺ 把揉好的剂子按压成中间厚、边缘薄的圆饼，放上馅料。

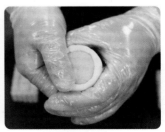

❻ 收口。

7 揉圆后搓成圆柱形。

8 用御皇酥模具按压成形。

9 摆入烤盘，入炉烘烤，上火 220℃，下火 155℃，烤约 10 分钟后出炉。

馅料 ●————————————————

1 把京日 JBL16Y 绿豆沙倒入容器，加入提前过筛的熟鸭蛋黄、嘉博士黄油搅拌均匀。

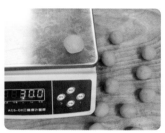

2 分割成每个 30 克，轻轻揉圆。

成品展示 ●————————————————

玫瑰小方

原料名称	重量（克）
顶焙良品中式点心粉	150
嘉博士黄油	110
百钻糖粉	32
炼乳	30
蛋黄液	18
奶粉	15
盐	2
麦嘉火龙果粉	15

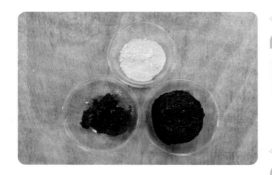

原料名称	重量（克）
凤梨馅	270
熟顶焙良品面包粉	26
玫瑰酱	43

馅料

装饰

原料名称	重量
草莓粉*	适量

❀ 制作步骤

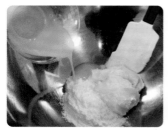

❶ 将嘉博士黄油、百钻糖粉、盐倒入搅拌机，分次加入蛋黄液搅拌均匀。

❷ 加入炼乳，搅拌均匀。

❸ 加入顶焙良品中式点心粉、奶粉、麦嘉火龙果粉搅拌均匀。

❹ 将面团分成每个 35 克。

❺ 将面团揉圆、压扁后包入馅料。

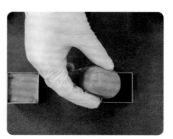

❻ 揉成圆柱形，放入模具。

❼ 按压成形。

❽ 放入烤盘，入炉烘烤，上火 150℃，下火 130℃，烘烤8 分钟后翻面，再烤 10 分钟。

❾ 出炉，脱模后撒草莓粉装饰。

馅料 ●────────────────────────────────────

❶ 将凤梨馅、熟顶焙良品面包粉、玫瑰酱倒入容器，搅拌均匀。

❷ 分割成每个 20 克。

成品展示 ●────────────────────────────────

原料名称	重量（克）
发酵奶油	225
百钻糖粉	105
香草	5
熟杏仁粉	45
顶焙良品中式点心粉	220
蛋黄液	40

馅料

原料名称	重量（克）
拉丝麻薯*	110
芋泥馅*	110

装饰

原料名称	重量
蛋黄液*	适量

制作步骤

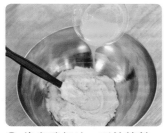

❶ 将发酵奶油、百钻糖粉、香草、熟杏仁粉、蛋黄液、45克顶焙良品中式点心粉倒入容器，搅拌均匀至无颗粒。

❷ 再加入175克顶焙良品中式点心粉，搅拌均匀。

❸ 将面糊装入裱花袋，挤到模具底部。

❹ 挤入拉丝麻薯。

❺ 上面盖上芋泥馅。

❻ 在顶部挤上面糊，冷冻30分钟。

❼ 表面刷两遍蛋黄液。

❽ 入炉烘烤，上火200℃，下火130℃，烤约18分钟后出炉。

成品展示 ●────────────────────

芋泥芝士蛋黄饼

原料名称	重量（克）
顶焙良品中式点心粉	500
京日 JY58M 白豆沙	300
嘉博士黄油	170
百钻糖粉	120
全蛋液	100
麦芽糖	80
盐	2
百钻臭粉	2
水	30
麦嘉黄丝绒粉	2
奶粉	70

原料名称	重量（克）
熟鸭蛋黄	25/ 个
隆耀奶油芝士	55/ 个
京日 JXY060M 芋头沙	80/ 个

❀ 制作步骤

❶ 将京日 JY58M 白豆沙、百钻糖粉、盐、麦芽糖、全蛋液倒入容器中，搅拌均匀。

❷ 将水和百钻臭粉混合均匀，倒入容器中，搅拌均匀。

❸ 倒入麦嘉黄丝绒粉，搅拌均匀。

❹ 加入嘉博士黄油，搅拌均匀。

❺ 倒入奶粉、顶焙良品中式点心粉，搅拌均匀至无颗粒。

❻ 分割成每个150克的剂子。

❼ 揉圆、压扁后包入馅料。

❽ 揉圆，压成直径14厘米、厚1厘米的圆饼，装入模具。

❾ 盖上印章。

❿ 用竹扦在印章上下各戳一个小孔。

⓫ 入炉烘烤，上火170℃，下火165℃，烤约26分钟。

⓬ 出炉，脱模。

馅料

❶ 将隆耀奶油芝士揉圆、压扁，包入熟鸭蛋黄，揉圆。

❷ 再将京日JXY060M芋头沙揉圆，压至中间厚、边缘薄，包入隆耀奶油芝士和熟鸭蛋黄，揉圆。

本书中使用的芝士、芝士细粉等为上海隆耀提供的高品质系列产品，风味浓郁，营养健康。

廷诺干酪粉
特点：荷兰原装进口，天然原磨，风味纯正。

适用：表面装饰、调味撒粉、饼干调味装饰。

廷诺干酪粉（细粉1002型）
特点：荷兰进口，风味浓郁，简单易用。

适用：面团、饼干、冰激凌、酱料、酱汁的调味。

"廷诺干酪碎"系列
特点：天然原制，风味浓郁，无胶质感。

适用：各类焗烤、沙拉、馅料、酱料等。

"廷诺高熔点干酪"系列
特点：高温不熔化，60%干酪含量，咸甜适中，适应性广。

适用：面包、蛋糕等。

"罗堂前陈皮"系列
特点：地理标志，整果发酵，营养健康。

适用：风味馅料酱料、各类烘焙产品、休闲食品、冰激凌、茶饮。

上海隆耀成立于2003年，秉承"精研原料、创新开发"的理念，以深度市场研究为基础，健康、天然、文化传承为核心，选择更优质的原料，更合理的解决方案提供给消费者。

原料名称	重量（克）
顶焙良品中式点心粉	755
伊利牛奶	240
冰水	200
百钻糖粉	75
百钻臭粉	7
蜂蜜	30
嘉博士黄油 *	415

馅料

原料名称	重量（克）
拉丝麻薯 *	30
味斯美肉酥	50
京日 JA66 红豆馅	200

装饰

原料名称	重量
蛋清 *	适量
白芝麻 *	适量

❶ 将 415 克顶焙良品中式点心粉、百钻糖粉、蜂蜜倒入搅拌机。把百钻臭粉倒入冰水中搅匀，倒入搅拌机搅拌均匀。

❷ 倒入伊利牛奶，慢速搅拌 2 分钟至无颗粒。再中速搅拌 1 分钟至表面光滑。

❸ 分次加入嘉博士黄油，使其充分吸收。

❹ 加入剩余顶焙良品中式点心粉搅拌均匀，松弛 20 分钟。

❺ 分成每个 150 克的剂子，擀成圆饼后包入馅料。

❻ 揉圆，擀成直径 16 厘米、厚 1 厘米的圆饼。

❼ 表面刷蛋清。

❽ 裹白芝麻装饰。

❾ 摆入烤盘，入炉烘烤，上火 200℃，下火 180℃，烘烤约 26 分钟后出炉。

馅料 •

❶ 将京日 JA66 红豆馅与味斯美肉酥混合。

❷ 分割成每个 120 克，包入拉丝麻薯。

❸ 轻轻揉圆。

成品展示 •

黑凤梨酥

原料名称	重量（克）
嘉博士奶油	100
顶焙良品中式点心粉	110
百钻糖粉	25
奶粉	25
盐	1
蛋黄液	25
麦嘉植物炭黑粉	1

馅料

原料名称	重量（克）
凤梨馅	280
高熔点芝士	2/ 个

制作步骤

❶ 将嘉博士奶油、百钻糖粉、盐倒入搅拌机，混合打发。

❷ 加入蛋黄液，搅拌均匀。

❸ 加入奶粉、顶焙良品中式点心粉、麦嘉植物炭黑粉搅拌均匀。

❹ 分割成每个 20 克的剂子，揉成球形。

❺ 压至中间厚、边缘薄，包入馅料，揉圆。

❻ 搓成圆柱形，放入模具成形。

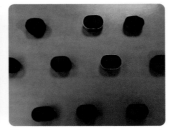

⑦ 摆入烤盘，入炉烘烤，上火 180℃，下火 170℃，烤 12 分钟后翻面。

⑧ 继续上火 190℃，下火 180℃，烤 7 分钟后出炉，脱模。

馅料 •

将凤梨馅分成每个 18 克，每个加 2 克高熔点芝士，共 20 克，揉圆。

成品展示 •

朗姆葡萄夹心

原料名称	重量（克）
顶焙良品中式点心粉	405
熟杏仁粉	110
嘉博士黄油	170
百钻糖粉	155
蛋黄液	90
伊利牛奶	22
香草	5
百钻泡打粉	13

原料名称	重量（克）
百钻白砂糖	125
百钻海藻糖	125
水	60
蛋白液	140
嘉博士黄油	333
盐	2
香草	3

馅料

原料名称	重量（克）
奶油霜	240
免调温巧克力*	240

朗姆葡萄

原料名称	重量（克）
葡萄干	200
黑朗姆酒	100
蔓越莓	100

❀ 制作步骤

❶ 把百钻糖粉、嘉博士黄油倒入容器，打发至乳白色。

❷ 分次加入蛋黄液，搅拌均匀。

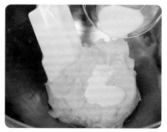

❸ 加入伊利牛奶，搅拌均匀。

④ 加入香草，搅拌均匀。

⑤ 依次倒入顶焙良品中式点心粉、熟杏仁粉、百钻泡打粉，搅拌均匀。包保鲜膜，放入4℃的冰箱冷藏120分钟。

⑥ 将冷冻好的面团放入丹麦机，压至3毫米厚。

⑦ 切割成长6厘米、宽4厘米的长方形。

⑧ 摆入烤盘，入炉，170℃烘烤约16分钟后出炉。

⑨ 在一半饼干上每个挤4克馅料。

⑩ 在馅料上均匀铺上朗姆葡萄。

⑪ 再在另一半饼干上每个挤4克馅料。

⑫ 将饼干压紧。

奶油霜 ●──────────────────

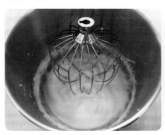

❶ 将蛋白液倒入搅拌机，中速打发至湿性发泡。

❷ 将百钻白砂糖、盐、百钻海藻糖和水混合，加热至105℃。

❸ 把加热好的糖水倒入打发的蛋白中，继续打发，降温至50℃左右。

❹ 加入嘉博士黄油，打发。　　❺ 加入香草，装裱花袋备用。

馅料 ●────────────────────────────────

❶ 将巧克力隔水化开。　　　❷ 将化开的巧克力倒入奶油
　　　　　　　　　　　　　　　霜中，搅拌均匀。

朗姆葡萄 ●──────────────────────────

将葡萄干、蔓越莓装入容器，
倒黑朗姆酒拌匀。

成品展示 ●────────────────────────────

板栗饼

原料名称	重量（克）
顶焙良品中式点心粉	210
京日 JY58M 白豆沙	130
嘉博士黄油	65
月饼糖浆	85
全蛋液	25
百钻泡打粉	5
可可粉	5
盐	1

馅料

原料名称	重量（克）
京日 JPF40SW-1 栗子酱	400
板栗丁	80

❶ 将京日 JY58M 白豆沙、嘉博士黄油、盐倒入容器，搅拌均匀。

❷ 倒入月饼糖浆，搅拌均匀。

❸ 倒入全蛋液，搅拌均匀。

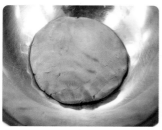

❹ 依次加入顶焙良品中式点心粉、百钻泡打粉、可可粉，搅拌至无颗粒，成团。

❺ 分割成每个25克的小剂子。

❻ 揉圆，用手掌轻轻压扁后包入馅料。

❼ 揉圆。

❽ 放入模具，按压成形。

❾ 摆入烤盘，入炉烘烤，上火 180℃，下火 155℃，烤约12分钟后出炉。

❶ 将京日 JPF40SW-1 栗子酱、板栗丁倒入容器，混合均匀。　❷ 分割成每个 25 克，揉圆。

成品展示 ●

本书中使用的顶焙良品中式点心粉，选用优质澳大利亚进口小麦和优质国产小麦，提取麦芯精华配制，粉质细、滑、酥，散发自然麦香。

制作酥类层层分明，轻松开酥，擀卷无压力，包酥也能轻松收拢。解决做酥时面团松弛不够的混酥破酥问题，做到酥皮薄而分明、洁净雪白。

制作月饼花纹清晰，有效防止干裂、塌腰泄脚等广式月饼常见问题。回油快，可操作性强，口感柔滑。

制作包子、馒头等，成品松软细腻。

从原料到生产，中式点心粉全掌握，让你的烘焙之旅更加愉快！

顶焙良品，专业烘焙的探索者。引进国际先进的瑞士布勒、意大利GBS专用面粉生产线，采用长粉路制粉工艺，每一粒小麦都历经54道工序，分离出108种元素粉，拥有灭菌灭酶"持鲜工艺"的独家专利，品质标准更严格。

第二章

清酥类

糖果酥

原料名称	重量（克）
嘉博士黄油	220
顶焙良品中式点心粉	350
麦嘉火龙果粉	15
麦嘉黄丝绒粉	6
麦嘉紫薯粉	17
麦嘉青汁粉	11

原料名称	重量（克）
顶焙良品面包粉	150
顶焙良品中式点心粉	600
嘉博士黄油	180
百钻糖粉	150
冰水	320
蛋清	适量

原料名称	重量（克）
熟粉	140
猪油	150
松仁	95
火腿	295
绵白糖	285
核桃仁	85
南瓜仁	58
榄仁	60
腰果	45
曲酒	10
蜂蜜	30

制作步骤

❶ 将油心用料中的嘉博士黄油、顶焙良品中式点心粉倒入搅拌机，搅拌均匀。

❷ 分成4等份，每份140克。

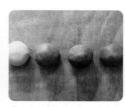

❸ 分别在每个面团中加入麦嘉火龙果粉、麦嘉紫薯粉、麦嘉青汁粉、麦嘉黄丝绒粉，揉匀。

❹ 将顶焙良品面包粉、顶焙良品中式点心粉、百钻糖粉、冰水倒入搅拌机，慢速搅拌2分钟至无颗粒，再快速搅拌5分钟。

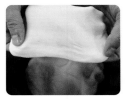
⑤ 加嘉博士黄油，搅拌至可拉出均匀的薄膜。

⑥ 分割成每个 300 克的剂子，松弛 30 分钟。

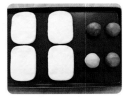
⑦ 将油皮和油心用开酥机碾压平，油皮是油心两倍大。

⑧ 用油皮分别包入 4 个油心。

⑨ 用开酥机碾压平整，进行两次四折，每次四折后，四角切开。四个面团同样操作。

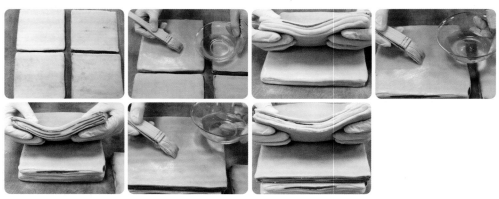
⑩ 在四块压好的面皮表面刷蛋清，叠压起来。

⑪ 纵向切开。

⑫ 再切成长 14 厘米、宽 6 厘米、重 30 克的片。

⑬ 操作台上撒手粉，将面皮擀至长 15 厘米、宽 9 厘米。

⑭ 表面刷蛋清。

⑮ 包入馅料。

⑯ 整成糖果形，摆入烤盘。

⑰ 入炉烘烤，上火 150℃，下火 165℃，烤约 12 分钟后出炉。

馅料 •

❶ 火腿上锅蒸软至颜色透亮。

❷ 将所有材料倒入容器中，搅拌均匀。

❸ 分成每个 20 克。

成品展示 •

扭扭酥

油皮

原料名称	重量（克）
顶焙良品中式点心粉	600
顶焙良品面包粉	150
百钻白砂糖	20
盐	3
全蛋液	50
冰水	190
嘉博士黄油	75
片状油*	190
伊利牛奶	500

馅料

原料名称	重量（克）
味斯美2号耐烤肉松	260
京日JBL16Y绿豆沙	300
嘉博士黄油	120
嘉博士粗芝士粉	20
沙拉酱	30

装饰

原料名称	重量
全蛋液*	适量
白芝麻*	适量
芝士粉*	适量
双色马苏里拉芝士碎*	适量

制作步骤

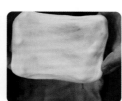  

❶ 将嘉博士黄油和片状油外的所有油皮材料倒入搅拌机，慢速搅拌2分钟至无颗粒，再中速搅拌4分钟。

❷ 倒入嘉博士黄油，搅拌至充分吸收，能拉出薄膜。

❸ 取1200克面团，压扁，擀成长方形，套烤盘袋，冷冻。

❹ 用油纸将片状油包好，用擀面杖擀平定形。

⑤ 用开酥机将冻好的面团擀压成油皮，至片状油的两倍大。

⑥ 用油皮包裹片状油，四周捏紧。

⑦ 三折一次，四角开口。

⑧ 再用开酥机压平，完成三折一次，四折一次，冷藏松弛 1 小时，最后再进行四折一次，压平。

❾ 在 2/3 面饼上铺适量馅料。

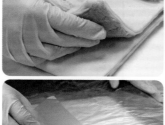

❿ 进行三折，冷藏 1 小时。

⓫ 取出冷藏好的面饼，用开酥机压至厚 0.5 厘米，切成宽 1.5 厘米、长 58 厘米的条。

⓬ 拧成绳。

⓭ 刷全蛋液。

⓮ 一部分撒白芝麻和芝士粉。

⓯ 另一部分撒双色马苏里拉芝士碎。

⑯ 用手轻轻按压,摆入烤盘。

⑰ 入炉烘烤,上火 180℃,下火 170℃,先烤 12 分钟,再烤 10 分钟后出炉。

馅料 •

将所有材料倒入容器,搅拌均匀。

成品展示 •

───────────────────────────────── 油皮

原料名称	重量（克）
顶焙良品中式点心粉	500
盐	10
百钻糖粉	50
嘉博士黄油	120
冰水	200
麦嘉火龙果粉	3
嘉博士片状油*	250

───────────────────────────────── 装饰

原料名称	重量
蛋清*	适量
白砂糖*	适量

❀ 制作步骤

❶ 将顶焙良品中式点心粉、百钻糖粉、盐、冰水倒入搅拌机。

❷ 快速搅拌2分钟至无颗粒，再慢速搅拌4分钟至能拉成膜。

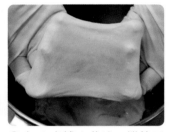

❸ 加入嘉博士黄油，搅拌至黄油充分吸收，能拉出薄膜。

❹ 将搅拌好的面团分出一个150克的面团。

❺ 放入搅拌机，加入麦嘉火龙果粉，搅拌均匀。

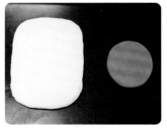

❻ 将两种颜色的面团分别擀平，冷藏。

❼ 将嘉博士片状油用油纸包裹，用擀面杖整形。

❽ 包入两倍大的面坯中。

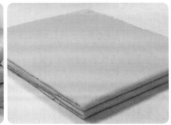

❾ 用开酥机碾压平整，进行一次四折。

❿ 开四角。

⓫ 把面坯再次用开酥机碾平，再完成三次四折，冷藏松弛30分钟。

⓬ 把火龙果粉面团用开酥机碾平，叠加到整理好的主面坯上，四边整理平整。

⓭ 用开酥机碾压成宽30厘米、厚0.5厘米的长方形。

⓮ 从两侧分别卷起，一侧宽3厘米，另侧宽4厘米，两边卷至对称。

⑮ 刷蛋清。

⑯ 对折，包保鲜膜冷藏。

⑰ 将冷藏好的面团切成厚2厘米的块。

⑱ 再在中间切一刀，不要切断。

⑲ 两侧蘸白砂糖。

⑳ 展开，摆入烤盘。

㉑ 用剪刀剪出蝴蝶触角。

㉒ 入炉烘烤，上火170℃，下火160℃，烤17～20分钟后出炉。

成品展示 ●

第三章

水油皮类

榴莲酥

油皮

原料名称	重量（克）
顶焙良品中式点心粉	250
冰水	70
嘉博士黄油	75
百钻白砂糖	10
盐	2

油酥

原料名称	重量（克）
顶焙良品中式点心粉	300
嘉博士白油	150

馅料

原料名称	重量（克）
鲜榴莲果肉	100
冰糖肉	50
淀粉	10
京日 JBL16Y 绿豆沙	280
榴莲粉	10

装饰

原料名称	重量
蛋清 *	适量
蛋黄液 *	适量

制作步骤 ✿

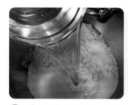   

❶ 将顶焙良品中式点心粉、百钻白砂糖、盐、冰水倒入搅拌机，慢速搅拌 2 分钟至无颗粒，再快速搅拌 5 分钟。

❷ 分次加入嘉博士黄油，快速搅拌至能拉出薄膜。

❸ 将面团放在烤盘内，收紧，擀成长方形后冷冻。

❹ 用油纸包裹油酥，擀成长方形，定形。

❺ 把冷冻好的油皮用开酥机碾压至油酥的两倍大，用油皮包裹油酥，四周捏紧。

❻ 用开酥机碾压平整，三折一次，四角开口。

❼ 四折一次，冷藏
1小时。

❽ 再次三折一次，四折一次。

❾ 用开酥机将面饼压
至厚0.35厘米，用不
锈钢圈压出形状。

❿ 用擀面杖把压好的
面饼擀成椭圆形，边
缘刷蛋清。

⓫ 中间放入馅料，对
折，边缘压紧。

⓬ 将整形好的榴莲酥
放入烤盘，表面刷两
遍蛋黄液。

⓭ 用刀在表面画出
图形。

⓮ 入炉烘烤，上火
200℃，下火170℃，
烤18~20分钟后出炉。

油酥 ●

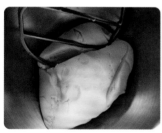 

❶ 将顶焙良品中式点心粉和
嘉博士白油倒入搅拌机，搅拌
均匀。

❷ 用油纸包裹，整形，放冰
箱冷冻。

❶ 将冰糖肉放入料理机打成泥。

❷ 将鲜榴莲果肉、淀粉与冰糖肉混合，用裱花袋挤到铺了吸油纸的烤盘上，冷冻。

❸ 将京日 JBL16Y 绿豆沙与榴莲粉混合均匀，分割成每个 15 克，揉圆。

❹ 用手指在中间按出凹陷。

❺ 包入榴莲冰糖肉。

成品展示 •

黑糖太阳饼

原料名称	重量（克）
顶焙良品中式点心粉	250
百钻糖粉	45
可可粉	15
嘉博士黄油	100
伊利牛奶	110
冰水	50

油酥

原料名称	重量（克）
顶焙良品中式点心粉	160
可可粉	23
嘉博士黄油	125

馅料

原料名称	重量（克）
黑糖	150
嘉博士黄油	50
顶焙良品中式点心粉	50
75 度麦芽糖	50
伊利牛奶	50
新西兰奶粉	95

制作步骤

❶ 将顶焙良品中式点心粉、百钻糖粉、可可粉、伊利牛奶、冰水依次倒入搅拌机。

❷ 慢速搅拌 2 分钟，再快速搅拌 4 分钟，至能伸展出薄膜。

❸ 加入嘉博士黄油，慢速搅拌 2 分钟，至面筋完全扩展。

④ 将面团分割成每个 25 克的剂子。

⑤ 揉圆、按扁后包入油酥。

⑥ 擀成长条。

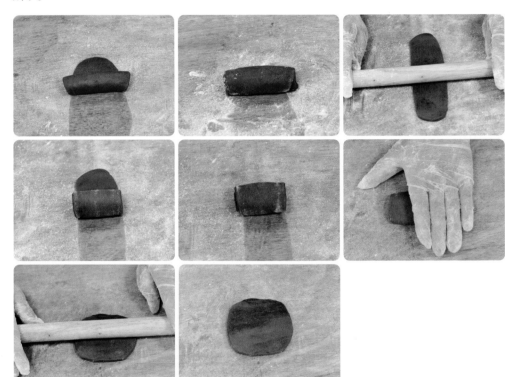
⑦ 轻轻卷起，重复操作两次，进行小开酥。

⑧ 用擀面杖将开好酥的面剂擀成饼，包入馅料。

⑨ 揉圆，擀成圆饼，放入烤盘，表面扎孔，松弛 20 分钟。

⑩ 入炉烘烤，上火 210℃，下火 180℃，烤约 15 分钟后出炉。

油酥

❶ 将所有原料倒入容器，搅拌均匀至无颗粒。

❷ 分割成每个15克,轻轻揉圆。

馅料

❶ 把黑糖、嘉博士黄油倒入容器，搅拌均匀。

❷ 倒入75度麦芽糖、伊利牛奶、新西兰奶粉、顶焙良品中式点心粉搅拌均匀。

❸ 冷藏1小时，分割成每个20克。

成品展示

牛舌饼

原料名称	重量（克）
顶焙良品中式点心粉	200
水	60
伊利牛奶	40
嘉博士白油	60
百钻糖粉	30

原料名称	重量（克）
顶焙良品蛋糕粉	200
嘉博士白油	110

原料名称	重量（克）
京日 JY58M 白豆沙	320
熟白芝麻	80
嘉博士黄油	64
海苔肉松	50
熟黑芝麻	32
椒盐	14

制作步骤

❶ 将顶焙良品中式点心粉倒入搅拌机，加百钻糖粉、水、伊利牛奶。

❷ 慢速搅拌 2 分钟，再快速搅拌 4 分钟，倒入嘉博士白油，慢速搅拌至面筋完全扩展。

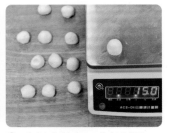

❸ 分割成每个 15 克的剂子。

❹ 轻轻揉圆后包入油酥。　　❺ 揉圆，按扁，整形成圆柱形。

❻ 操作台撒手粉，进行小开酥。

  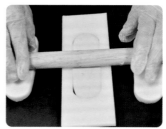

❼ 操作台撒手粉，用擀面杖将　❽ 轻轻揉圆，再搓成椭圆形。　❾ 放入模具，擀平。
开好酥的面剂擀成饼，包入馅料。

 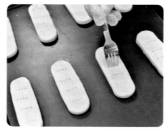

❿ 盖牛舌饼印章。　　⓫ 等印章干后翻面，用叉子扎孔。

⑫ 入炉烘烤，上火 210℃，
下火 170℃，烤约 8 分钟。

⑬ 翻面再烤约 8 分钟，出炉。

油酥

❶ 将顶焙良品蛋糕粉、嘉博
士白油倒入容器，搅拌均匀。

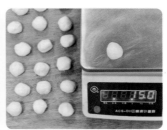

❷ 分割成每个 15 克，揉成
圆球。

馅料

❶ 将熟白芝麻、熟黑
芝麻擀破皮。

❷ 将京日 JY58M 白
豆沙放入容器，加入
嘉博士黄油，搅匀。

❸ 倒入海苔肉松、椒
盐和芝麻，搅拌均匀。

❹ 分割成每个 30 克，
揉圆。

成品展示

肉松饼

原料名称	重量（克）
顶焙良品面包粉	80
顶焙良品中式点心粉	215
冰水	129
百钻白砂糖	27
麦芽糖	50
液态酥油	43
嘉博士黄油	55
麦嘉黄丝绒粉	1

原料名称	重量（克）
顶焙良品中式点心粉	315
嘉博士黄油	120
液态酥油	39

原料名称	重量（克）
京日 JBL16Y 绿豆沙	570
麦芽糖	40
水	14
盐	7
大豆油	43
嘉博士黄油	13
味斯美肉松	230

制作步骤

❶ 将冰水、顶焙良品面包粉、顶焙良品中式点心粉、百钻白砂糖、麦芽糖、液态酥油、麦嘉黄丝绒粉倒入搅拌机。

❷ 慢速搅拌 2 分钟，搅拌至无干粉，再快速搅拌 2 分钟，搅拌均匀。

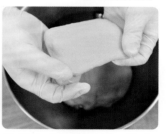

❸ 放入嘉博士黄油，慢速搅拌至面筋完全扩展，拉出薄膜。

❹ 分割成每个15克的剂子。

❺ 用剂子包裹油酥，揉圆。

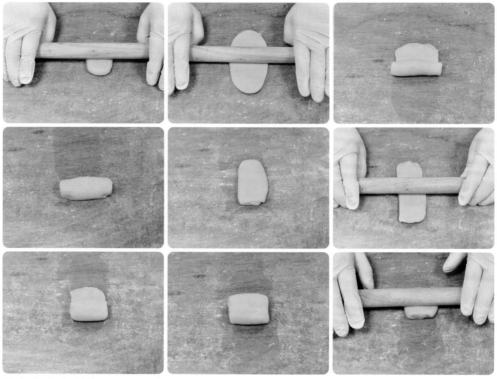
❻ 操作台撒手粉，用擀面杖轻轻将面皮擀成长条，卷起，重复两次，进行小开酥。

❼ 用开好酥的面剂包入馅料，揉成圆球，压扁。

❽ 放入肉松饼模具，用叉子扎孔。

❾ 盖上盖子，入炉烘烤，上火 220℃，下火 225℃，烤约 22 分钟。

❿ 出炉。

油酥 •

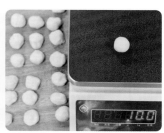

❶ 将顶焙良品中式点心粉、液态酥油、嘉博士黄油搅拌均匀。

❷ 分割成每个 10 克。

馅料 •

❶ 将所有原料依次倒入容器中，搅拌均匀。

❷ 分割成每个 30 克，揉成圆球形。

成品展示 •

本书中使用的味斯美肉松是中国肉松行业专业产品，除肉松外，公司还生产各种高品质肉制品。

爆汁热狗棒
膨松香脆的黄金酥皮包裹醇香多汁的专用爆汁肠，一口外酥里嫩，鲜香爆汁。

大肉块汉堡肉
入口肉感足、咬劲强。整体色泽自然，卖相佳。无淀粉添加，肉香醇厚。

劲道切片火腿
超多大肉块，肉感真实有咬劲，无淀粉添加，韧性强，折不断、损耗少，操作简便更省心。

香肠切片
出品安全标准化，快而稳定。整体薄厚均匀，节约人工操作成本。色泽自然诱人，大块肉粒咬劲足。

日式爆汁肠
皮薄、肉嫩、多汁，不添加淀粉。以优质鸡腿肉和猪肉为主原料，3：7黄金肥瘦配比，采用超薄胶原蛋白肠衣，色泽自然有食欲。

味斯美食品科技（安吉）有限公司是专业从事肉松、低温肉制品生产、研发、销售的一体化综合性食品企业，公司通过FSSC22000、ISO22000等食品专业认证，建立符合国际标准的各种质量控制体系和生产管理体系，其肉松、肉制品广泛应用于烘焙、餐饮、工业、速冻食品、休闲食品等众多领域。

鲜肉饼

原料名称	重量（克）
顶焙良品中式点心粉	145
嘉博士白油	46
冰水	70
红麦芽糖浆	5
百钻糖粉	15
全蛋液	7

油酥

原料名称	重量（克）
顶焙良品中式点心粉	70
嘉博士白油	40

原料名称	重量（克）
肥肉	130
瘦肉	300
肉皮冻丁	75
生抽	26
鸡精	2
蚝油	13
料酒	13
老抽	8
生姜粉	3
大蒜粉	3
全蛋液	45
百钻白砂糖	4
盐 *	2
无盐鸡精	1
小葱	46
玉米淀粉	9

❀ 制作步骤

❶ 将顶焙良品中式点心粉、冰水、红麦芽糖浆、百钻糖粉、全蛋液、1/3 嘉博士白油倒入搅拌机。

❷ 慢速搅拌2分钟至无颗粒，再中速搅拌4分钟，搅拌均匀。

❸ 加入剩余的嘉博士白油，中速拌匀，再快速搅拌至面筋扩展。

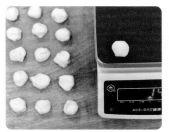

❹ 分割成每个14克。

❺ 用外皮包入油酥，揉圆后。

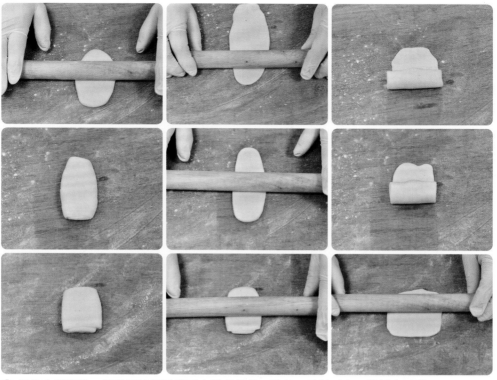

❻ 操作台撒手粉，用擀面杖轻轻将面皮擀成长条，卷起，重复两次，进行小开酥。

❼ 将开好酥的面剂擀成饼状，包入馅料，揉成球，压扁。

❽ 盖小鲜肉印章。

❾ 印晾干后翻面，换烤盘，在每个饼坯上分别盖上油纸。

❿ 入炉烘烤，上火200℃，下火185℃，先烤10分钟，翻面再烤4分钟。

⓫ 出炉。

油酥 •

 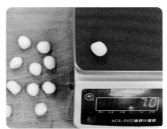

❶ 将顶焙良品中式点心粉和
嘉博士白油倒入容器搅匀。

❷ 分割成每个7克。

馅料 •

❶ 将肥肉、瘦肉倒入
料理机，打成泥。

❷ 倒入料酒，搅拌
均匀。

❸ 依次加入鸡精、生
姜粉、盐、大蒜粉、
百钻白砂糖、无盐鸡
精、小葱搅匀。

❹ 加蚝油、生抽、老
抽、全蛋液，顺时针
打至肉馅微上劲。

 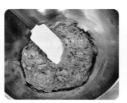 

❺ 加入玉米淀粉，搅
拌均匀。

❻ 加入肉皮冻丁，搅
拌均匀。

❼ 分割成每个25克，
冷冻。

成品展示 •

苏式葱油肉松饼

原料名称	重量（克）
顶焙良品中式点心粉	60
顶焙良品面包粉	60
冰水	55
百钻白砂糖	26
盐	1
葱油	42

原料名称	重量（克）
葱油	50
顶焙良品中式点心粉	100
小葱	10
枧水	1

葱油

原料名称	重量（克）
菜籽油	500
大葱	50
小葱	50
洋葱	25

馅料

原料名称	重量（克）
京日 JBL16Y 绿豆沙	300
葱油	90
味斯美 B 级肉松	100
隆耀芝士粉	30

装饰

原料名称	重量
隆耀芝士粉*	适量

❀ 制作步骤

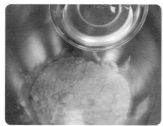  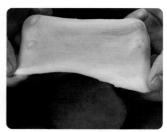

❶ 依次把顶焙良品中式点心粉、顶焙良品面包粉、冰水、百钻白砂糖、盐倒入搅拌机。慢速搅拌 2 分钟，然后中速搅拌 4 分钟至无干粉，再快速搅拌 5 分钟至面筋完全扩展。

❷ 分次倒入葱油，快速搅拌至完全吸收。

❸ 搅拌至拉出薄膜。

❹ 分成每个 15 克。

❺ 揉圆，包入油酥。

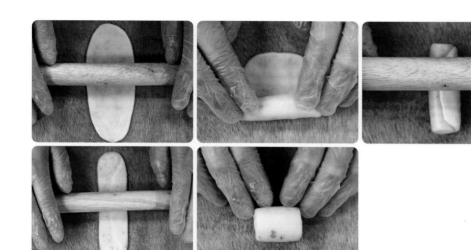

⑥ 用小开酥方法，重复两次。

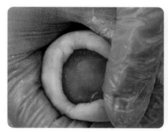

⑦ 将开好酥的面剂用擀面杖擀成饼，包入馅料，揉成圆球。

⑧ 放入烤盘，用手掌轻轻压扁。

⑨ 正面蘸水，蘸隆耀芝士粉装饰。

⑩ 底部用叉子扎孔。

⑪ 入炉烘烤，上火 180℃，下火 210℃，先烤 10 分钟，翻面再烤 10 分钟。

⑫ 出炉。

油酥

❶ 将小葱与枧水拌匀。

❷ 与葱油和顶焙良品中式点心粉混合拌匀。

❸ 分割成每个10克。

葱油

❶ 将大葱、洋葱、小葱倒入菜籽油中，炸至金黄。

❷ 过筛后冷却，倒入容器。

馅料

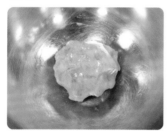 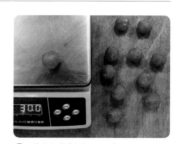

❶ 将京日JBL16Y绿豆沙搓至无颗粒，与味斯美B级肉松、隆耀芝士粉、葱油倒入容器中，搅拌均匀。

❷ 分割成每个30克。

成品展示

黑金酥

扫码观看
操作视频

油皮

原料名称	重量（克）
顶焙良品蛋糕粉	160
伊利牛奶	120
顶焙良品面包粉	40
百钻糖粉	50
嘉博士黄油	50
盐	1
麦嘉植物炭黑粉	3

油酥

原料名称	重量（克）
顶焙良品蛋糕粉	180
奶味酥油	95
色拉油	9
麦嘉植物炭黑粉	2

原料名称	重量（克）
隆耀奶油芝士	250
熟鸭蛋黄粉	160
京日 JY58M 白豆沙	350
嘉博士黄油	10

装饰

原料名称	重量
蛋清 *	适量
杏仁片 *	适量

❀ 制作步骤

❶ 将顶焙良品蛋糕粉、面包粉、伊利牛奶、百钻糖粉、盐、麦嘉植物黑炭粉、1/2嘉博士黄油倒入搅拌机，搅拌均匀。

❷ 慢速搅拌2分钟至无干粉，再快速搅拌5分钟，加入剩余黄油。

❸ 慢速搅拌吸收后再快速搅拌至面筋完全扩展。

❹ 分割成每个20克的剂子，轻轻揉圆。

  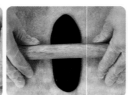

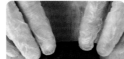 

❺ 包入油酥，揉圆。

❻ 擀成长条，轻轻卷起，重复操作两次，进行小开酥。

❼ 用擀面杖擀成饼，
包入准备好的馅料。

❽ 揉成圆球，摆入烤
盘，表面刷蛋清。

❾ 放杏仁片装饰。

❿ 入炉烘烤，上火
210℃，下火170℃，
烤约18分钟出炉。

油酥 ●━━━━━━━━━━━━━━━━━━━━━━━━━━━━━━━━

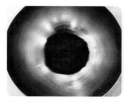
❶ 将所有原料倒入容
器，搅拌均匀。

❷ 分割成每个10克。

馅料 ●━━━━━━━━━━━━━━━━━━━━━━━━━━━━━━━━

❶ 将隆耀奶油芝士、
熟鸭蛋黄粉搅拌均匀。

❷ 分割成每个8克，
揉圆，冷藏1小时。

❸ 将京日JY58M白豆
沙、嘉博士黄油搅拌
均匀，冷藏后分成每
个25克，揉圆，冷冻
1小时。

❹ 将白豆沙揉圆、压
扁，包入芝士蛋黄馅。

成品展示 ●━━━━━━━━━━━━━━━━━━━━━━━━━━━━━

鲜花饼

◈◈◇ ─────────────────────────────────── 油皮

原料名称	重量（克）
顶焙良品中式点心粉	200
嘉博士白油	25
嘉博士黄油*	12
稻米油	5
百钻白砂糖	45
全蛋液	13
蜂蜜	5
盐	1
伊利牛奶	45
冰水	45

◈◈◇ ─────────────────────────────────── 油酥

原料名称	重量（克）
嘉博士白油	110
顶焙良品蛋糕粉	155

◈◈◇ ─────────────────────────────────── 馅料

原料名称	重量（克）
嘉博士白油	30
糖渍玫瑰	160
稻米油	25
京日 J65Y–TD 白豆沙	45
75 度麦芽糖	12
自制熟粉	8
玫瑰花瓣	10

制作步骤 ✿

❶ 将嘉博士黄油外的所有油皮原料倒入搅拌机，慢速搅拌 2 分钟至无颗粒，再快速搅拌 5 分钟，搅拌均匀。

❷ 加入黄油，快速搅拌至能拉出薄膜。

❸ 分割成每个 16 克，揉成圆球。

❹ 包入分好的油酥，揉圆。

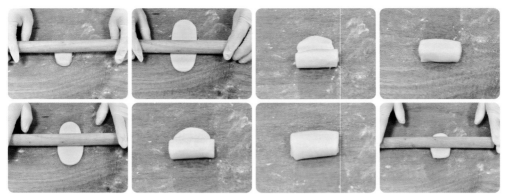

⑤ 在操作台上撒上手粉，用擀面杖擀成长条，轻轻卷起，重复两次，进行小开酥。

⑥ 在操作台上撒手粉，将开好酥的面剂擀成饼，包入馅料，揉圆，轻轻压扁。

⑦ 摆入烤盘，加盖玫瑰花印章。

⑧ 印章晾干后翻面。

⑨ 入炉烘烤，上火200℃，下火200℃，烘烤9分钟。

⑩ 翻面，再烤6分钟后出炉。

油酥 ●

❶ 将顶焙良品蛋糕粉、嘉博士白油倒入容器混合均匀。

❷ 分割成每个10克。

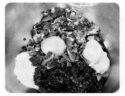 

① 将所有原料倒入容
器，搅拌均匀。

② 分割成每个20克。

成品展示 •

原料名称	重量（克）
顶焙良品中式点心粉	500
冰水	25
嘉博士黄油	150
百钻糖粉	100

油酥

原料名称	重量（克）
顶焙良品中式点心粉	475
嘉博士黄油	250

馅料

原料名称	重量（克）
京日 JY58M 白豆沙	250
熟鸭蛋黄粉	65
京日 JCD-5 三色豆	200

装饰

原料名称	重量
杏仁片*	适量

制作步骤

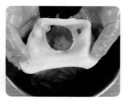  

❶ 将顶焙良品中式点心粉、百钻糖粉、冰水依次加入搅拌机，慢速搅拌 2 分钟至无干粉，再快速搅拌 4 分钟，搅拌至可拉出薄膜。

❷ 加入嘉博士黄油，慢速搅拌至面筋完全扩展。

❸ 分割成每个 40 克。

❹ 包入油酥，揉圆。

⑤ 操作台上撒上手粉，用擀面杖将剂子轻轻擀成长条形，卷起，重复操作两次进行小开酥。

⑥ 从中间一分为二。　　⑦ 横切面朝上，用手掌压扁。　　⑧ 包入馅料，揉成圆球。

⑨ 在湿毛巾上蘸湿。　　⑩ 裹杏仁片装饰。　　⑪ 摆入烤盘，盖高温布。

⑫ 压上烤盘。

⑬ 入炉烘烤，上火 230℃，
下火 185℃，烤约 12 分钟出炉。

油酥 •

❶ 将顶焙良品中式点
心粉、嘉博士黄油倒
入容器，搅拌均匀。

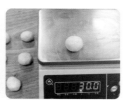

❷ 分割成每个 30 克，
揉圆。

馅料 •

❶ 将京日 JM58 白豆
沙、过筛的熟鸭蛋黄粉
倒入容器，搅拌均匀。

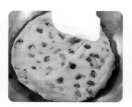

❷ 倒入京日 JCD-5 三
色豆，搅拌均匀。

❸ 分割成每个 40 克，
轻轻揉圆。

成品展示 •

紫晶酥

原料名称	重量（克）
顶焙良品中式点心粉	300
冰水	140
嘉博士黄油	120
百钻糖粉	40

油酥

原料名称	重量（克）
顶焙良品蛋糕粉	100
嘉博士黄油	70
麦嘉紫薯粉	10

馅料

原料名称	重量（克）
京日 JY58M 白豆沙	240
京日 JZS58M 紫薯沙	320
熟鸭蛋黄粉	120

装饰

原料名称	重量
全蛋液*	适量
隆耀芝士粉*	适量

制作步骤

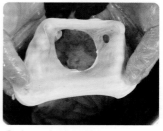

❶ 将顶焙良品中式点心粉、百钻糖粉、冰水依次加入搅拌机。

❷ 慢速搅拌2分钟至无干粉，再快速搅拌4分钟，至面筋可拉出薄膜。

❸ 加入嘉博士黄油，慢速搅拌至面筋完全扩展。

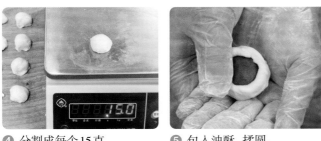

❹ 分割成每个15克。　　❺ 包入油酥，揉圆。

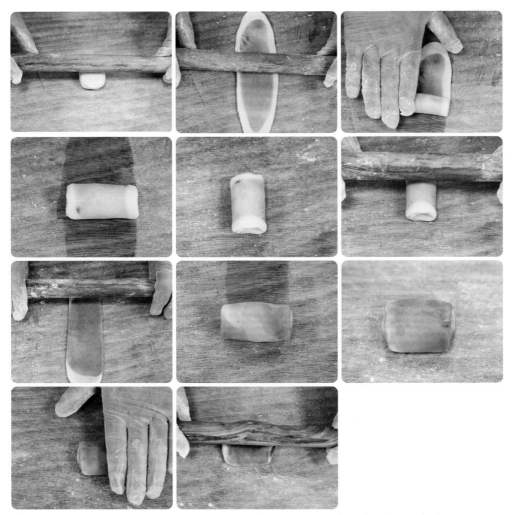

❻ 在操作台上撒上手粉，用擀面杖轻轻擀成长条形，卷起，重复操作两次，进行小开酥。

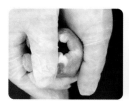   

❼ 操作台撒上手粉，把酥皮擀成圆饼，包入馅料，轻轻团成球形。

❽ 放入烤盘，刷全蛋液。

❾ 筛隆耀芝士粉装饰。

❿ 入烤炉烘烤，上火170℃，下火180℃，烤12分钟后调转烤盘，再烤6分钟出炉。

油酥

❶ 将所有材料倒入容器，搅拌均匀。

❷ 分成每个10克，揉圆。

馅料

❶ 将京日 JM58M 白豆沙与提前过筛的熟鸭蛋黄粉搅拌均匀。

❷ 分割成每个20克，揉圆。

❸ 将京日 JZS58M 紫薯沙分成每个 20 克。

❹ 将紫薯沙压扁后包裹蛋黄馅，轻轻揉圆。

成品展示

绿豆蛋黄芝士饼

原料名称	重量（克）
顶焙良品中式点心粉	500
冰水	260
嘉博士黄油	200
百钻糖粉	30

原料名称	重量（克）
顶焙良品中式点心粉	250
嘉博士黄油	130

— 馅料

原料名称	重量（克）
京日脱壳绿豆沙	300
熟鸭蛋黄粉	300
嘉博士黄油	18
隆耀芝士粉	20

— 装饰

原料名称	重量
全蛋液 *	适量
隆耀双色芝士 *	适量

制作步骤 ✿

❶ 将顶焙良品中式点心粉、百钻糖粉、冰水依次加入搅拌机。

❷ 慢速搅拌 2 分钟至无干粉，再快速搅拌 4 分钟，至面筋可拉出薄膜。

❸ 加入嘉博士黄油，慢速搅拌至面筋完全扩展。

❹ 分割成每个 20 克的剂子。

❺ 包入油酥，揉圆。

❻ 操作台上撒上手粉，用擀面杖轻轻擀成长条形，卷起，重复操作两次，进行小开酥。

7 把酥皮擀成圆饼，包入馅料，揉成球。

8 摆入烤盘，用手轻轻按成饼，刷两遍全蛋液。

9 撒隆耀双色芝士装饰。

10 入烤炉烘烤，上火215℃，下火170℃，烤12分钟后出炉。

油酥

1 将顶焙良品中式点心粉、嘉博士黄油倒入容器，搅拌均匀。

2 分割成每个15克，揉圆。

馅料

1 将京日脱壳绿豆沙搓至无颗粒，与过筛的熟鸭蛋黄粉、嘉博士黄油、隆耀芝士粉倒入容器搅拌均匀。

2 分成每个35克，轻轻揉圆。

成品展示

彩虹酥

原料名称	重量（克）
顶焙良品面包粉	150
顶焙良品蛋糕粉	600
嘉博士黄油	180
百钻糖粉	150
冰水	320

油酥

原料名称	重量（克）
嘉博士黄油	220
顶焙良品蛋糕粉	350
麦嘉火龙果粉	15
麦嘉黄丝绒粉	6
麦嘉紫薯粉	17
麦嘉青汁粉	11

原料名称	重量（克）
山楂馅	6 / 个
紫薯馅	15 / 个
京日 JBL16Y 绿豆沙	12 / 个

—— 馅料

原料名称	重量
蛋清*	适量

—— 装饰

❀ 制作步骤

❶ 将嘉博士黄油外的原料倒入搅拌机，慢速搅拌 2 分钟至无颗粒，再快速搅拌 5 分钟，搅拌均匀。

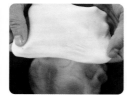

❷ 加嘉博士黄油搅拌至可拉出均匀薄膜。

❸ 分割成每个 300 克，松弛 30 分钟。

❹ 将松弛好的面团用开酥机碾压成油酥面团的两倍大。

❺ 分别包入四个压平的油酥。

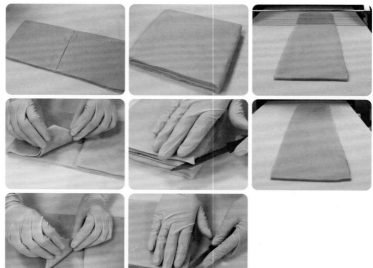

❻ 用开酥机将每个面坯分别碾压平整，进行两次四折。每次四折后，四角切开。

❼ 将压好的面坯表面刷蛋清。

❽ 叠压起来。

❾ 把叠压好的面坯用开酥机碾压至厚4厘米。

❿ 刷蛋清。

⓫ 卷成圆柱形。

⓬ 冷冻后切成每个30克。

⓭ 操作台撒手粉，用擀面杖将面坯擀薄。

⓮ 包入馅料。

⓯ 揉成球形，摆入烤盘。

⓰ 入炉烘烤，上火185℃，下火170℃，烤约25分钟后出炉。

油酥

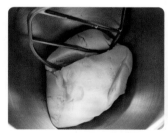
❶ 将嘉博士黄油、顶焙良品蛋糕粉倒入搅拌机，搅拌均匀。

❷ 分成4等份，每份140克。

❸ 分别在每个面团中加入麦嘉火龙果粉、麦嘉紫薯粉、麦嘉青汁粉、麦嘉黄丝绒粉，揉匀。

❶ 将山楂馅、紫薯馅、京日 JBL16Y 绿豆沙分别揉圆。

❷ 将绿豆沙用手掌压扁，包入山楂馅，轻轻揉圆。

❸ 将紫薯馅压扁，包入山楂绿豆沙，揉圆。

成品展示 •

辣肉松饼

原料名称	重量（克）
顶焙良品面包粉	160
顶焙良品蛋糕粉	160
百钻糖粉	40
嘉博士黄油	140
盐	3
冰水	160

原料名称	重量（克）
嘉博士黄油	125
顶焙良品蛋糕粉	230

原料名称	重量（克）
京日 JB5 红豆沙*	30 / 个
加利 Q 心馅*	5 / 个
熟鸭蛋黄*	5 / 个
味斯美肉酥*	5 / 个

原料名称	重量
白芝麻*	适量
奇亚籽*	适量

❀ 制 作 步 骤

① 将油皮的所有材料倒入搅拌机。

② 慢速搅拌 2 分钟，快速搅拌 4 分钟至无干粉，再快速搅拌 5 分钟至面筋完全扩展。

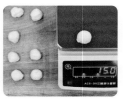

③ 将面团分割成每个 15 克的剂子，轻轻揉圆。

④ 包入油酥，揉圆。

⑤ 用小开酥法重复操作两次。

⑥ 包入馅料，收口朝上，按扁。

⑦ 收口处蘸湿。

⑧ 用叉子扎孔。

⑨ 蘸混合的白芝麻与奇亚籽。

⑩ 摆入烤盘，用手轻轻压扁。

⑪ 入炉烘烤，上火180℃，下火210℃，烘烤13分钟。

⑫ 翻面冷却10分钟，入炉再烤8～10分钟后出炉。

油酥 •————————————————————————————

❶ 将顶焙良品蛋糕粉和嘉博士黄油倒入容器搅拌均匀。

❷ 分割成每个7克，揉圆。

馅料 •————————————————————————————

❶ 将加利Q心馅、熟鸭蛋黄、味斯美肉酥分别分成每个5克。

❷ 将京日JB5红豆沙分割成每个30克。

❸ 用红豆沙包入熟鸭蛋黄、加利Q心馅、味斯美肉酥，包成圆球。

成品展示 •————————————————————————————

本书配方中的黄油是嘉博士油脂公司的专利产品嘉博士大黄油，奶源纯粹，品质上乘，深受用户喜爱。

嘉博士大黄油绿标

营养丰富、奶香浓郁、天然健康、零添加。

严格选用上乘品质的鲜奶制作而成，牛奶原料品质自然纯粹，奶香浓醇，健康美味无添加，适用于高端美味的烘焙产品制作。

嘉博士大黄油橙标

回味浓醇、保湿性佳、留香性佳、奶源纯净。

产品原料源自高品质新鲜稀奶油，风味醇正，天然奶香，采用丹麦进口机器和先进生产制作工艺，品质上乘，打发稳定，色泽油润金黄，真正的高品质黄油。

嘉博士大黄油红标

极易打发、保湿性强、延展性好。

新西兰黄金地带奶源，奶油香味浓郁香醇，保证黄油品质纯粹，百万冷冻捏合设备，万级净化车间，产品品质稳定有保障，纯动物乳脂黄油，制作烘焙成品松软香甜，带有独特乳香。

嘉博士大黄油蓝标

油脂纯度高、用途广泛、性价比高、包容性高。

色泽浅黄，营养丰富，乳脂含量高，可塑性极强，黄油软化后易打发，制作的饼干酥性更强，面包柔软度更高。适用于制作曲奇、面包、司康、蛋糕坯等。

嘉博士油脂公司成立于2019年7月1日，是集烘焙油脂研发、生产、销售、企业服务于一体的综合型企业。嘉博士始终坚守并不断精进打造烘焙行业新业态，立志做国产优质大黄油供应商，做烘焙油脂行业的先行者和践行者。

第四章

月饼类

川酥月饼

原料名称	重量（克）
顶焙良品中式点心粉	440
72～75 度糖浆	260
大豆油	120
全蛋液	24
糖稀	20
百钻臭粉	1
水*	3

油酥

原料名称	重量（克）
顶焙良品蛋糕粉	260
嘉博士白油	140
百钻糖粉	30

原料名称	重量（克）
熟粉	200
糯米粉	175
嘉博士白油	350
蜂蜜*	225
黑芝麻	250
白芝麻	100
花生碎	60
核桃*	60
杏仁*	60
椒盐	20
白芝麻酱	25

装饰

原料名称	重量
全蛋液*	适量

制作步骤

❶ 将糖浆、糖稀、全蛋液倒入容器，搅拌均匀。

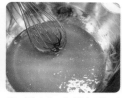
❷ 倒入加水搅匀的百钻臭粉。

❸ 倒入大豆油搅拌均匀。

❹ 倒入顶焙良品中式点心粉搅拌均匀。

❺ 将油酥用油纸包好，压成长方形。

❻ 用油皮包裹油酥。

❼ 用开酥机开酥，四折一次。

 ⑧ 用开酥机将油皮压至厚 0.4 厘米，卷起。

 ⑨ 分割成每个 40 克的剂子。

 ⑩ 操作台撒手粉，把分割好的剂子擀开。

 ⑪ 包入馅料，揉圆。

 ⑫ 放入川酥模具，整形。

 ⑬ 脱模。

 ⑭ 摆入烤盘，表面刷全蛋液。

 ⑮ 入炉烘烤，上火 210℃，下火 170℃，烤约 15 分钟后出炉。

油酥 •

将所有原料倒入搅拌机，搅拌至无颗粒。

馅料 •

❶ 将所有原料倒入容器，混合均匀。 ❷ 分成每个 45 克。

成品展示 •

丰镇月饼

原料名称	重量（克）
顶焙良品中式点心粉	500
百钻细砂糖	70
红糖	130
水	130
伊利牛奶	170
胡麻油	200
百钻小苏打	6
百钻泡打粉	5
葡萄干碎	40
蔓越莓碎	60

❀ 制作步骤

❶ 将红糖、百钻细砂糖、伊利牛奶、水倒入锅中，煮沸。

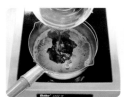

❷ 将胡麻油倒入锅中，煮沸。

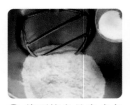

❸ 将顶焙良品中式点心粉、百钻小苏打、百钻泡打粉倒入搅拌机。

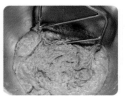

❹ 将凉至78℃的混合液体加入面粉中，搅拌均匀。

❺ 加入蔓越莓碎、葡萄干碎，搅拌均匀。

❻ 分割成每个180克，整成圆形放入烤盘。

❼ 入炉烘烤，上火220℃，下火185℃，烤20分钟后出炉。

成品展示 ●

广 式 月 饼

原料名称	重量（克）
顶焙良品蛋糕粉	300
糖浆	190
花生油	65
枧水	2
蜂蜜	38

馅料

原料名称	重量（克）
熟鸭蛋黄*	11 / 个
莲蓉馅*	510

装饰

原料名称	重量
蛋黄液*	适量

❶ 将糖浆和蜂蜜搅拌均匀。

❷ 加入花生油搅匀。

❸ 加入枧水搅匀。

❹ 加入过筛的顶焙良品蛋糕粉，搅拌至无干粉。整理成形，松弛 2 小时以上。

❺ 将松弛好的面团分割成每个 14 克。

❻ 将莲蓉馅分割成每个 46 克。

❼ 用复包法将莲蓉馅和蛋黄包入饼皮中，轻轻揉圆。

❽ 装入月饼模具，打饼。

❾ 摆入烤盘，入炉烘烤。上火 210℃，下火 140℃，先烤 11 分钟。

❿ 出炉冷却，刷两遍蛋黄液，再烤 6 分钟后出炉。

成品展示

油皮

原料名称	重量（克）
顶焙良品蛋糕粉	285
75 度白麦芽糖浆	90
月饼糖浆	80
色拉油	105
玉米淀粉	50
全蛋液	13
百钻臭粉	1
百钻泡打粉	4
低筋粉（调节软硬度）*	适量

馅料

原料名称	重量（克）
熟粉	320
绵白糖	375
冰糖	160
莲蓉馅	750
盐	12
芝麻油	100
花生油	390
蜂蜜	400
核桃仁	575
松仁	300
南瓜仁	500
大杏仁	320
白芝麻	320
橘皮丁	160
杏仁粉	160
苹果脯	400
玫瑰酱	160

装饰

原料名称	重量
全蛋液*	适量

✿ 制作步骤

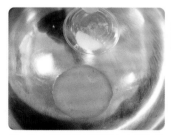

❶ 将全蛋液过筛后与百钻臭粉混合，搅拌均匀。

❷ 加入白麦芽糖浆、月饼糖浆，搅拌均匀。

❸ 慢慢加入色拉油。

❹ 完全吸收后拌入过筛的玉米淀粉、顶焙良品蛋糕粉和百钻泡打粉，搅拌均匀。

❺ 面团松弛 30 分钟后可添加少许低筋粉调节软硬度，分割成每个 25 克。

❻ 包入馅料。

❼ 放入模具，成形。

❽ 摆入烤盘，表面刷全蛋液。

❾ 入炉烘烤，上火 200℃，下火 160℃，烤约 20 分钟后出炉。

馅料

❶ 将所有材料倒入容器，搅拌均匀。

❷ 分割成每个 50 克。

成品展示

米月饼

油皮

原料名称	重量（克）
三象熟糯米粉	80
三象熟黏米粉	70
麦芽糖	180
嘉博士白油	90

馅料

原料名称	重量（克）
大黄米	200
小黄米	200
水	500
白砂糖	30
海藻糖	20
桂花酱	100
淡奶油	50
蔓越莓	100

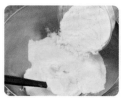

❶ 将所有油皮材料倒入容器，用刮板搅拌均匀，至表面光滑。

❷ 分割成每个 30 克的剂子。

❸ 将分割好的油皮轻轻揉圆，按压成中间厚、边缘薄的圆饼，包入馅料，揉圆。

❹ 按入月饼模具，轻轻用手压平。

❺ 脱模，摆入烤盘。

❻ 入炉烘烤，上火 180℃，下火 140℃，烤 1 分钟后出炉。

馅料 •

❶ 将大黄米和小黄米洗净，和海藻糖、白砂糖、水倒入电饭锅蒸熟。

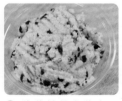

❷ 将蒸熟的大黄米、小黄米倒入容器，加入桂花酱、淡奶油、蔓越莓，搅拌均匀。

❸ 分割成每个 40 克。

成品展示 •

滇式蛋黄云腿月饼

原料名称	重量（克）
伊利牛奶	69
顶焙良品中式点心粉	96

主面团

原料名称	重量（克）
嘉博士黄油	135
大豆油	30
百钻糖粉	30
蜂蜜	20
百钻小苏打	2
百钻臭粉	3
顶焙良品中式点心粉	210

原料名称	重量（克）
火腿丁	160
粗砂糖	80
熟低筋粉	32
蜂蜜	30
熟白芝麻	24
嘉博士黄油	35
熟鸭蛋黄	适量

制作步骤

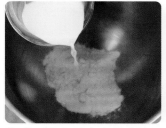

❶ 将顶焙良品中式点心粉和伊利牛奶倒入搅拌机。

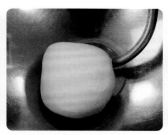

❷ 慢速搅拌 2 分钟，再快速搅拌 5 分钟，至表面光滑，面筋完全扩展。

❸ 依次加入嘉博士黄油、大豆油、百钻糖粉、蜂蜜、百钻小苏打、百钻臭粉、顶焙良品中式点心粉。

❹ 中速搅拌 5 分钟，取出面团松弛 1 小时。

❺ 分割成每个 35 克的剂子，揉成表面光滑的圆球。

❻ 包入馅料，轻轻揉圆。

❼ 盖圆印章装饰，用竹扦扎
两个小孔。

❽ 装入烤盘，入炉烘烤，上
火 200℃，下火 130℃，烤约
15 分钟后出炉。

馅料 ●━━━━━━━━━━━━━━━━━━━━━━━

❶ 火腿丁上锅蒸 15 分钟，与
粗砂糖、熟低筋粉、蜂蜜、
熟白芝麻、嘉博士黄油搅拌
均匀。

❷ 分割成每个 25 克。

❸ 揉圆，包入熟鸭蛋黄。

成品展示 ●━━━━━━━━━━━━━━━━━━━━━

本书中的产品包装为底盒可直接进入烤箱，耐烤温度达220℃的凯博特耐烤系列包装。此系列包装可直接灌浆烘烤，没有边角料，节省成本，避免浪费；可做异形、两三粒装盒，可以更加完美地呈现产品；省去店铺清洗烘烤模具和脱模时间；烘烤出的产品口感更加细腻。

天津凯博特纸塑制品有限公司成立于 2014 年，拥有现代化车间及生产设备，是一家集设计、研发、生产、销售于一体的现代化纸包、塑包烘焙包装供应商，将视觉呈现与新媒体宣传手段充分结合，为客户提供一站式服务。凯博特赋予产品更完美的文化寓意，为中国烘焙市场持续发力。

图书在版编目（CIP）数据

探索中华酥点 / 张高杰主编；肖尚忠副主编. —
北京：中国轻工业出版社，2024.4
ISBN 978-7-5184-4870-8

Ⅰ.①探… Ⅱ.①张… ②肖… Ⅲ.①糕点—制作
Ⅳ.①TS213.2

中国国家版本馆CIP数据核字（2024）第031661号

责任编辑：胡　佳　　　　责任终审：高惠京　　设计制作：锋尚设计
策划编辑：张　弘　胡　佳　责任校对：晋　洁　　责任监印：张　可

出版发行：中国轻工业出版社（北京鲁谷东街5号，邮编：100040）
印　　刷：北京博海升彩色印刷有限公司
经　　销：各地新华书店
版　　次：2024年4月第1版第1次印刷
开　　本：710×1000　1/16　印张：15
字　　数：300千字
书　　号：ISBN 978-7-5184-4870-8　定价：108.00元
邮购电话：010-85119873
发行电话：010-85119832　010-85119912
网　　址：http://www.chlip.com.cn
Email：club@chlip.com.cn